정육식당이 알려주는

최고의 고기 요리

BEEF
PORK
CHICKEN

BEEF
PORK
CHICKEN

정육식당이 알려주는

최고의 고기 요리

정육식당이 알려주는 고기 요리 지음 | 이은정 옮김

시그마북스
Sigma Books

정육식당이 알려주는 **최고의 고기 요리**

발행일 2024년 2월 15일 초판 1쇄 발행
지은이 정육식당이 알려주는 고기 요리
옮긴이 이은정
발행인 강학경
발행처 시그마북스
마케팅 정제용
에디터 최윤정, 최연정, 양수진
디자인 강경희, 김문배

등록번호 제10-965호
주소 서울특별시 영등포구 양평로 22길 21 선유도코오롱디지털타워 A402호
전자우편 sigmabooks@spress.co.kr
홈페이지 http://www.sigmabooks.co.kr
전화 (02) 2062-5288~9
팩시밀리 (02) 323-4197
ISBN 979-11-6862-213-5 (13590)

STAFF
デザイン　高橋朱里(○△)
撮影　豊田朋子
調理アシスタント　馬場晃一
スタイリスト　本郷由紀子
編集　丸山みき、岩間杏(SORA 企画)
編集アシスタント　秋武絵美子
企画・編集　石塚陽樹(マイナビ出版)

* 시그마북스는 (주) 시그마프레스의 단행본 브랜드입니다.

PROLOGUE

정육식당 4대째 주인장이 최고의 고기 요리 팁을 알려 드립니다

저는 80년간 운영해온 정육식당의 4대째 주인장입니다.

찾아오시는 손님들은 주문할 때 입을 모아 '부드러운 걸로 주세요'라고 말씀하시지만 사실 고기는 구이, 조림, 찜, 튀김 등 조리법에 따라 부드럽게 드실 수 있는 최적의 고기 부위와 두께가 다릅니다. 이 점을 모르시는 분이 많이 계신 것 같습니다.

요리할 때 어떤 고기를 사야 할지 몰라 고민하거나 집에서 만들기 어려울 것 같아 미리 포기한 적은 없으십니까?

고기는 부위와 특징을 아는 것이 중요합니다. 부드러운 고기를 샀더라도 불 조절을 잘못해서 딱딱해진다면 고기만 아깝죠. 사실 "고기를 구웠더니 딱딱해졌다"는 이야기를 자주 듣습니다. 비싼 고기를 살 필요가 없습니다. 약간의 아이디어만으로 고기가 놀라울 정도로 맛있어집니다.

대부분의 레시피를 유튜브에 공개하고 있습니다. 소리와 영상을 함께 즐길 수 있는 동영상도 꼭 시청해주시기 바랍니다. 이 책을 펼치고 함께 보면 더욱 잘 이해할 수 있을 겁니다.

정육식당 주인장으로서는 고기만 팔면 그만이 아니라 최고로 맛있게 드셨으면 하는 바람도 있습니다. 그 바람을 이루기 위해 이번에 비밀 레시피를 공개하고 독자적인 조리법을 이 책에 담았습니다. 요리를 만드는 즐거움과 만든 요리를 맛있게 먹어주는 모습을 보며 느끼는 기쁨을 여러분과 함께 공유하고 싶습니다.

정육식당이 알려주는 고기 요리

CONTENTS

PART 4

정육식당 주인장이 알려주는 고기 요리

다진 고기

MINCED MEAT & ORGAN MEAT OTHERS

PART 5

정육식당 주인장이 알려주는 고기 요리

일품요리 & 사이드 요리

A LA CARTE

이 책의 사용법

- 재료의 분량은 요리에 맞추었습니다.
- 계량 단위는 1큰술 = 15mL, 1작은술 = 5mL입니다.
- '한 꼬집'은 1/6작은술, '약간'은 1/6작은술 미만을, '적당량'은 딱 좋은 분량을, '적절하게'는 취향에 따라 필요한 만큼 넣습니다.
- 채소 종류의 경우 특별한 기재가 없을 시에는 껍질을 벗기는 등 밑손질을 한 후 사용합니다.
- 불 조절은 특별한 설명이 없을 시에는 중불로 조리하세요.
- 저장 가능한 기간은 대략적인 기간입니다. 계절이나 보관 상태에 따라 보관 가능한 기간이 다르므로 되도록 빨리 드십시오.

고기 요리를 최고로 맛있게 만들어주는 조미료

고기 맛을 살리는 조미료는 흔히 구할 수 있는 것만으로도 OK

고기를 극적으로 맛있게 요리하려면 비싼 조미료를 써야 한다고 생각하시나요? 사실 조미료는 근처 마트나 편의점에서 판매하는 것으로 충분합니다. 왜냐면 조미료가 부족하면 바로 조달할 수 있기 때문입니다. 중요한 것은 고기의 맛을 살리는 양념과 소스를 만드는 것입니다. 예를 들면, 지방이 많은 마블링 소고기라면 심플하게 소금이나 간장만 사용해 질리지 않게 깔끔하게 요리한다거나, 돼지고기라면 지방도 맛있게 먹을 수 있도록 설탕이나 맛간장으로 달콤하게 요리하는 등 주변에서 흔히 구할 수 있는 조미료를 사용해도 맛있는 고기 요리를 만들 수 있습니다.

요리가 즐거워지는 나만의 조미료

주변에서 쉽게 구할 수 있는 조미료를 사용해 맛있는 고기 요리를 만들 수 있으면 요리가 즐거워집니다. 또 다양한 조미료나 향신료에도 관심을 가지게 됩니다. 그러면서 자신의 취향에 맞는 조미료를 발견하면 그것을 자주 사용하게 됩니다. 특히 마음에 쏙 드는 천연 소금, 만능 향신료, 올리브오일 등을 발견하면 요리가 더욱 즐거워질 것입니다. 그리고 추천하고 싶은 것은 바로 조미료 수납 박스입니다. 주방에 있는 자잘한 아이템을 깔끔하게 정리할 수 있고 이동도 가능해 캠핑 갈 때도 편리합니다.

캠핑에 들고 갈 수 있는 편리한 조미료 수납 박스. 여기저기 돌아다니는 기본 조미료, 향신료 등을 수납할 때 사용하면 좋다. 사진은 tent-Mark DESIGNS×NATURE WORKS의 워커즈 오카모치.

집에 늘 두고 있는 조미료

ⓐ 혼미림
맛도 영양도 뛰어난 혼미림을 고르자. 원재료에 '소주'라고 적힌 것을 추천.

ⓑ 간장
한 번 사용하면 다른 것을 사용할 수 없게 될 정도로 맛있는 간장을 고르자. 고시노무라사키의 다시쇼유(생선 육수로 만든 간장)를 추천. 만약 일반 간장보다 마일드한 맛을 원한다면 우스구치쇼유도 좋다. 하쿠오의 우스구치쇼유를 추천.

ⓒ 맛간장(3배 농축 타입)
가다랑어 맛국물이 함유된 맛간장을 추천. 적절하게 단맛이 나서 고기 요리를 할 때 엄청나게 활약한다.

ⓓ 폰즈 간장
고기 요리에 깔끔한 맛을 더하고 싶을 때 사용한다. 뿌리는 소스용으로만이 아니라 볶음이나 조림할 때 양념으로 사용해도 좋다.

ⓔ 만능 향신료
만능 향신료는 맛도 향기도 범용성도 좋아 어떤 고기에도 잘 맞는다. 고기의 누린내를 없애 준다.

ⓕ 불독 중농 소스
오래전부터 사랑받아온 불독 중농 소스. 단맛이 강하고 걸쭉한 것이 특징이다. 우스터 소스도 있으면 편리하다.

ⓖ 삼온당
백설탕을 끓여서 캐러멜화한 것이다. 풍미도 좋고 맛도 고소해 주로 조림이나 데리야키 요리에 사용한다.

ⓗ 천연 소금
미네랄이 풍부하고 마일드한 이탈리아산 소금(Mothia 세립). 패키지가 귀여워서 주방이 멋스러워진다.

ⓘ 참기름
진한 참깨 냄새가 나는 것으로 고르자. 풍미를 최대한 살리고 싶을 때는 마지막에 사용한다.

ⓙ 퓨어 올리브오일
고기를 굽거나 가열할 때는 퓨어하고 마일드한 BOSCO의 올리브오일을 사용한다. 무난해서 다양하게 사용할 수 있다.

ⓚ EXV 올리브오일
과일향이 나는 올리브오일(코브람 에스테이트). 가열해서 사용하기에는 향이 너무 좋으므로 요리의 마지막 단계에서 향을 더할 때 사용한다.

미소 된장
이 책에서 미소 된장이라고 표기된 것은 모두 일본식 시로 미소 된장이다. 지나치게 달지 않은 것이 고기와의 궁합도 좋다. 주원료인 누룩이 고기의 감칠맛을 돋보이게 한다.

흑후추
통후추를 갈아서 사용하는 그라인더 제품을 고르자. 신선한 향을 즐길 수 있다.

조리 도구와 불 사용법

조리 도구는 외형뿐 아니라 기능도 중요

고기 요리를 최고로 맛있게 조리하려면 조리 도구도 중요합니다. 기본적으로는 오래 사용할 수 있는 것을 선택합니다. 예를 들면, 철제 프라이팬은 관리하기가 어렵지만 평생 사용할 수 있고 시간과 더불어 숙성이 되므로 추천합니다. 또 무엇보다도 고기를 맛있게 구울 수 있다는 장점이 있습니다. 도마는 나무 재질이 칼질할 때 나는 소리도 좋고 사용할수록 길이 들어서 추천합니다. 캠핑 브랜드를 주로 사용하는 이유는 편리하고 디자인도 좋아서입니다. 유튜브를 촬영할 때는 디자인을 중시한 조리 도구도 꽤 사용하고 있습니다.

ⓐ 휴대용 가스버너
콤팩트해서 수납이 편한 휴대용 가스버너(snow peak사 제품). 고화력이라서 볶음밥도 가능하다. 보기에도 좋고 기능도 뛰어나다.

ⓑ 철제 프라이팬
열전도와 보온성이 뛰어나며 철 덩어리로 만들어 이음매도 없는 프라이팬(turk사 제품). 26cm와 20cm를 애용하고 있다.

ⓒ 주물 법랑 냄비
무수 조리를 할 수 있고 조미료가 없어도 풍미 있는 요리가 가능하다(STAUB사 제품). 관리도 편해 사용하기 좋다.

ⓓ 실리콘 스푼
내열성이 좋고 색이 스며들 걱정도 없어 볶거나 덜거나 담거나 하는 등 다양하게 사용할 수 있다(무인양품 제품).

ⓔ 집게
잡기 편하고 뒤집기도 편한 집게(snow peak사 제품). 스테이크를 구울 때만이 아니라 섬세한 조리나 요리를 그릇에 담을 때도 편하다.

ⓕ 주방칼
고기, 생선, 채소 등 재료에 상관없이 사용할 수 있다. 칼날의 길이는 17cm 정도가 좋다(도지로 제품). 페티 나이프도 있으면 좋다.

ⓖ 도마
천연 망고 나무 재질이라서 사용할수록 더 좋아진다(PUEBCO사 제품). 스테이크나 채소를 잘라 올려 접시처럼 사용할 수도 있다.

【 불 사용법 】

약불이란?

불이 냄비 바닥에 닿지 않는 상태. 장시간 끓이거나 쉽게 타는 식재료를 익힐 때 사용한다.

IH의 경우 100~300W
(눈금 기준: 10~30% 정도)

중불이란?

불이 냄비 바닥에 닿는 상태. 고기를 구울 때, 볶을 때 등 폭넓게 사용하는 온도.

IH의 경우 500~1000W
(눈금 기준: 40~60% 정도)

강불이란?

불이 냄비 바닥에 강하게 닿아 냄비 바닥 전체로 퍼지는 상태. 식재료를 노릇하게 구워 감칠맛을 봉인하고 싶을 때나 물을 끓일 때 사용한다.

IH의 경우 1500~2000W
(눈금 기준: 70~100% 정도)

【 기름 온도 】

150~160℃ 저온

두꺼운 고기나 뿌리채소 등 속까지 익히는 데 시간이 걸리는 식재료를 튀길 때 사용한다. 잘 타지 않고 속까지 익힐 수 있지만 식재료의 수분이 잘 증발하지 않아 바삭하게 튀겨지지 않는다. 주로 두 번 튀길 때의 첫 번째 튀김 온도.

170~180℃ 중온

속까지 익히면서 적절한 튀김옷 색깔을 낼 수 있는 온도. 튀김은 대부분 이 온도에서 튀긴다.

190~200℃ 고온

수분이 많이 함유된 식재료와 속까지 완전히 익힐 필요가 없는 요리에 사용한다. 단시간에 바삭하게 튀길 수 있지만 식재료의 속까지 익기도 전에 타버리는 경우가 많아 두꺼운 고기에는 적당하지 않다. 가지나 어패류, 속이 익어 있는 크로켓 등에 적당하다.

애용하는 조리 도구

PART 1

정육식당 주인장이 알려주는 고기 요리

소고기

소고기는 속이 익지 않아도 먹을 수 있기 때문에 레어, 미디엄 등 취향에 따라 굽는 정도를 조절해서 맛있게 드시기 바랍니다.
불고기나 스테이크에 어울리는 소스도 소개하고 있으니, 좋아하는 레시피에 곁들여도 좋습니다.

BEEF

정육식당 주인장이 알려주는

이 책에 사용한 소고기의 부위와 특징

PART OF MEAT

서로인

지방이 적당하고 부드러우며 풍미도 있어 고급 부위로 알려져 있다. 반듯하게 잘리므로 스테이크에 추천한다.

PART OF MEAT

우둔살

바깥쪽 허벅지의 엉덩이 쪽에 자리 잡고 있어 지방이 적당히 분포되어 있다. 부드럽고 풍미가 있어 스테이크나 구이로 조리하면 고기의 맛을 즐길 수 있다.

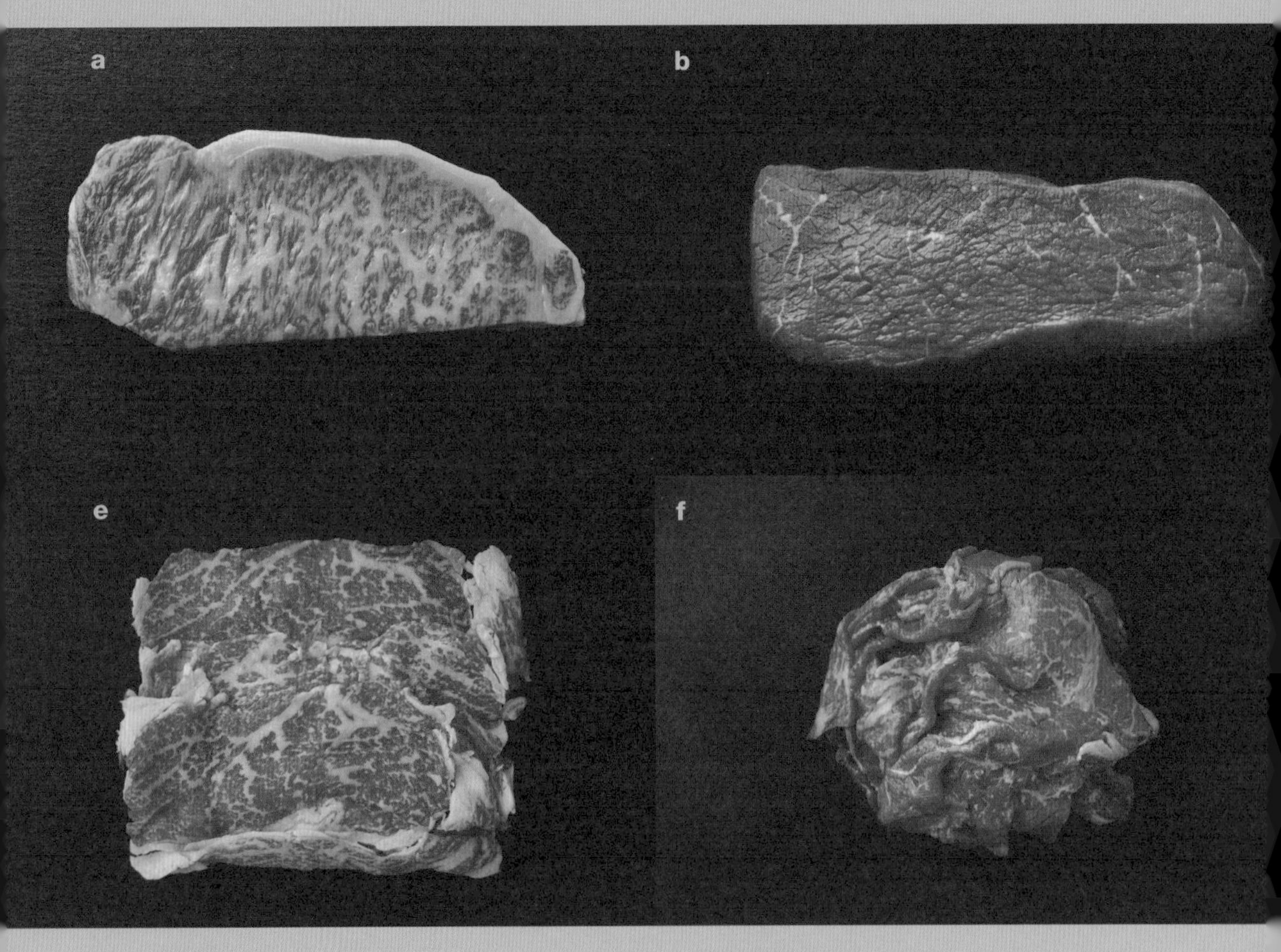

PART OF MEAT

리브로스

가장 두꺼운 부위로 섬세하고 부드럽다. 풍미가 짙고 단맛이 돈다. 얇게 썰어 스키야키나 샤부샤부로 조리하면 고기의 단맛을 즐길 수 있다.

PART OF MEAT

얇게 썬 고기

어깨와 허벅지를 일정한 두께로 썬 고기. 두께가 일정하고 육질을 즐길 수 있어 구이나 덮밥 등 고기를 메인 식재료로 하는 요리에 적당하다.

돼지고기나 닭고기에 비해 가격이 비싸므로,
부위와 특징을 알고 그 부위의 장점을 최대한 살려 조리합니다.

PART OF MEAT

설도

뒷다리와 엉덩이의 연결 부위에 근육질인 살코기지만 비교적 부드럽다. 살코기의 감칠맛을 느낄 수 있는 로스트 비프로 만들어 얇게 썰어서 먹으면 맛있다.

PART OF MEAT

사태

종아리 근처 부위로 운동량이 많아 힘줄이 상당히 딱딱하다. 조림 요리 등에 사용하면 부드럽고 육즙이 가득하다.

MEMO

와규, 수입산, 교잡우의 차이는?

와규는 일본에서 사용되는 흑모 우종 등 가장 고급이고 육질이 좋다. 수입산은 외국에서 수입된 소고기를 말하며 교잡우는 흑모와 홀스타인을 교배한 잡종을 말한다.

PART OF MEAT

안심

등뼈 안쪽에 위치하며 지방이 적다. 섬세하고 부드러우며 풍미도 좋아 스테이크나 커틀릿 등에 사용하면 부드러운 식감을 즐길 수 있다.

[서로인]

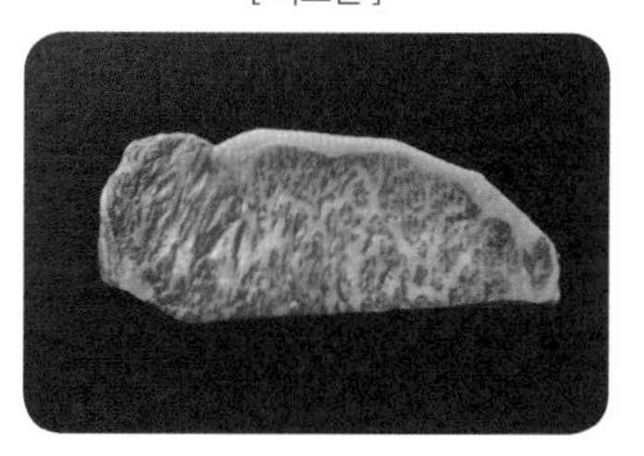

입에 넣는 순간 살살 녹는다

서로인 스테이크

지방이 꼼꼼하게 들어가 있고 부드러운 서로인.
취향에 따라 굽는 정도를 조절해 부드러운 와규를 맛보세요.

재료 2인분

서로인(스테이크용) … 200g
소금, 후추 … 각 적당량
Ⓐ 마늘 … 1쪽
➡ 얇게 썰기
로즈메리 … 1가지
올리브오일 … 1큰술
Ⓑ 그린 아스파라거스 … 적당량
➡ 미리 데치기
감자 … 적당량
➡ 미리 데쳐서 먹기 편한 크기로 썰기

만드는 방법

1 소고기는 상온에 두고 양면에 소금과 후추를 뿌려 밑간을 한다.

Point
조리 30분 전에 냉장고에서 꺼내 상온에 두면 고기의 안쪽과 바깥쪽의 온도 차이가 없어져 고르게 익히기 쉬워진다.

2 프라이팬에 올리브오일, Ⓐ를 넣고 중불로 가열한다.

Point
마늘과 로즈메리에서 향이 난다. 타기 직전에 꺼낸다.

3 소고기를 넣고 한쪽 면을 굽는다. 노릇해질 때까지 레어라면 1분 정도, 미디엄이라면 1분 30초 정도(두께 2cm 소고기의 경우).

Point
예상한 것보다 금방 속까지 익으니 구우면서 고기 측면의 색으로 어느 정도 익었는지 판단한다.

4 뒤집어서 약불로 조절한 다음 굽는다. 레어라면 1분 정도, 미디엄이라면 2분 정도(두께 2cm 소고기의 경우).

Point
소고기는 구울 때 육즙이 빠져나가지 않도록 가능한 움직이지 않는다.

5 소고기를 꺼내고 같은 프라이팬에 Ⓑ를 넣어 노릇해질 때까지 굽는다.

Point
소고기는 구운 시간만큼 잠시 두면 육즙이 안정되고 감칠맛이 빠져나가지 않는다.

POINT

소고기는 지나치게 익지 않도록 스테이크 측면을 보고 구워진 정도를 확인하면서 굽는다. 자신의 취향에 맞는 굽기 정도를 마스터한다.

소고기 측면이 반 정도 붉은 상태면 레어다.

소고기 측면 전체가 갈색으로 변해 있으면 미디엄이다.

STEAK SAUCE

스테이크에 어울리는 소스 아라카르트

SAUCE #01

직접 만든 고기구이 소스

직접 만든 소스는 보관이 가능하므로 많이 만들어서 두고두고 쓰면 좋습니다.

재료 약 350mL/7~8회분

Ⓐ 술 … 50mL
설탕 … 1큰술

Ⓑ 간 사과(또는 간 양파) … 1/2개
간장 … 250mL
간 마늘, 간 생강, 꿀 … 각 1큰술

Ⓒ 참기름 … 1큰술
깨소금 … 적당량

만드는 방법

1 냄비에 Ⓐ를 넣어 약불로 가열한다. 설탕이 녹으면 Ⓑ를 넣는다. 끓으면 10분 정도 조린다.

2 불을 끈 후 Ⓒ를 넣고 섞는다. 다 식으면 용기에 넣어 냉장고에 보관한다(냉장 보관 2주일).

POINT

- 간장은 타면 쓴맛이 나므로 약불을 유지한다.
- 참기름은 너무 가열하면 향과 영양이 사라지므로 불을 끄고 나서 넣는다.
- 맛을 볼 때는 깨끗한 숟가락을 사용한다.

SAUCE #02

와사비 간장 소스

와사비 풍미가 진한 소스는 고기구이나 스테이크는 물론이고 커틀릿과도 잘 어울립니다.

재료 1회분

간장, 레드와인 … 각 2큰술
미림 … 1큰술
와사비 … 1작은술

만드는 방법

1 고기를 구운(또는 미사용) 프라이팬에 모든 재료를 넣고 약불로 가열한다. 끓으면 알코올 성분이 날아가도록 1분 정도 더 가열한다.

POINT

- 와사비와 간장은 지나치게 가열하면 풍미가 사라지므로 미림의 알코올이 날아갈 정도로만 가열한다.
- 분말이 아니라 신선한 와사비를 갈아서 사용하면 향이 더 좋다.

고기구이나 스테이크에 어울리는 직접 만든 소스류를 소개합니다.
고기를 구운 후 그 프라이팬에서 만들면 더 깊은 맛이 난답니다.

SAUCE #03

오로시폰즈 소스

폰즈 간장과 라임의 산미가 스테이크와 잘 어울립니다.

재료 1회분

라임 … 1개
➡ 얇게 3조각만 썰어서 사용하고 나머지는 즙 짜기

Ⓐ 간 무 … 3~4cm
폰즈 간장 … 3큰술
시치미* … 적당량

만드는 방법

1 볼에 라임즙과 Ⓐ를 넣고 섞는다. 취향에 따라 스테이크에 뿌린 후 얇게 썬 라임을 올린다.

POINT

- 간 무는 물기를 꼭 짜면 맛이 부드러워진다.
- 폰즈 간장은 취향에 따라 양을 조절한다.

* 七味唐辛子(시치미토가라시): 일곱 가지 재료를 섞은 것으로, 흰 깨, 산초, 파래, 진피, 고춧가루, 검은 깨, 양귀비 씨 등을 혼합해 만든다.

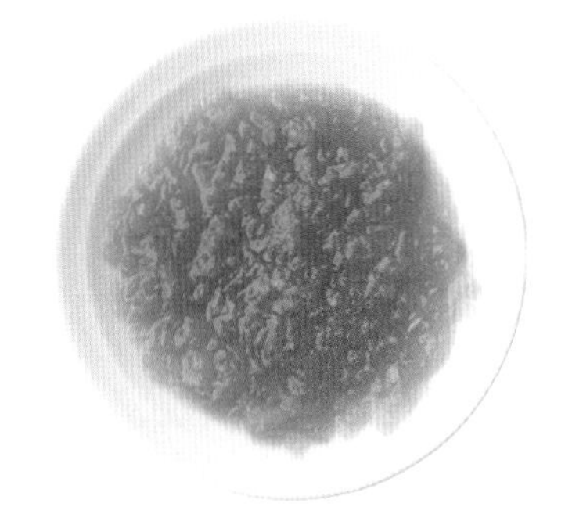

SAUCE #04

샬리아핀 소스

수입산 소고기 스테이크에 곁들이면 단번에 고급스러운 스테이크로 변신!

재료 1회분

간 양파, 간 사과 … 각 1/2개
식초, 간장, 술 … 각 2큰술
설탕 … 1큰술

만드는 방법

1 고기를 구운(또는 미사용) 프라이팬에 모든 재료를 넣고 약불로 10분 정도 끓인다.

POINT

- 간 양파와 간 사과는 물기가 다 날아갈 때까지 가열한다.

SAUCE #05

발사믹 소스

로스트 비프에 곁들이기 좋은 풍미가 진한 소스.

재료 1회분

간 양파 … 1/2개
간장 … 4큰술
물 … 3큰술
레드와인 … 2큰술
발사믹 식초 … 1큰술
설탕 … 1/2큰술
버터 … 10g

만드는 방법

1 고기를 구운(또는 미사용) 프라이팬에 버터를 넣고 녹으면 나머지 재료를 모두 넣어 약불로 10분 정도 끓인다.

POINT

- 레드와인의 알코올을 휘발시키기 위해 끓이지만, 타면 쓴맛이 나므로 약불로 은근하게 가열한다.
- 간 양파와 레드와인의 수분이 다 날아갈 때까지 끓인다.

[수입산 스테이크용 우둔살]

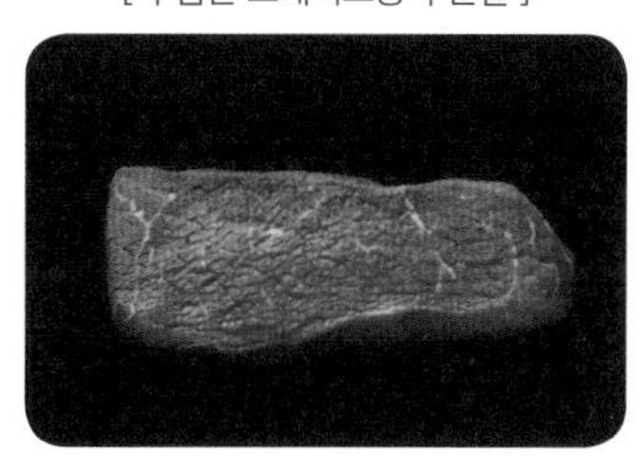

가격이 싼 고기를 부드러운 고급육으로 변신시키는 방법

수입산 소고기 스테이크

밑손질과 약간의 수고를 더하는 것만으로 고기가 고급스러워집니다.
집에서 파인 레스토랑의 맛을 즐겨보세요.

재료 2인분

수입 우둔살(스테이크용) … 250g
소금, 후추 … 각 적당량
마늘 … 1쪽
➡ 얇게 썰기
샬리아핀 소스(21쪽 참조) … 전량
소기름 … 1개
이탈리안 파슬리 … 적당량

POINT

- 구할 수 있다면 한우(와규)의 소기름을 사용하면 더 풍미가 좋아지고 고급스러움이 더해진다.

만드는 방법

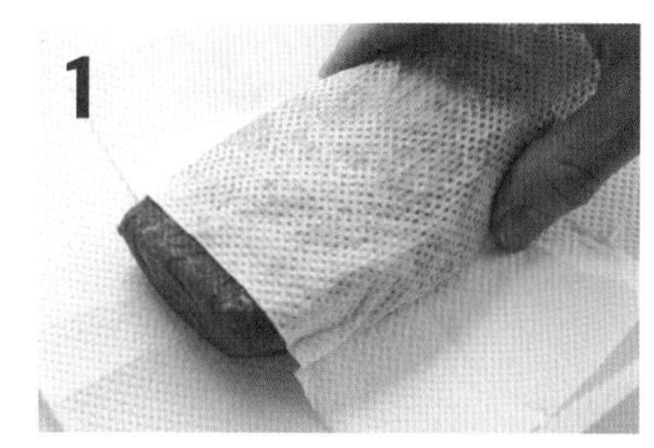

소고기는 조리 30분 전에 냉장고에서 꺼내 상온에 둔다. 키친타월로 물기를 제거한다.

Point
해동 후나 시간이 지난 후 나오는 수분은 냄새의 원인이 되므로 반드시 닦는다.

소고기의 힘줄을 자르듯 1cm 간격으로 칼집을 넣는다.

Point
소고기를 구웠을 때 고기가 휘어지는 것을 방지할 수 있다.

소고기의 양면에 소금, 후추를 뿌려서 밑간을 한다.

Point
2, **3**의 공정을 굽기 직전에 해야 고기 육즙과 감칠맛이 빠지지 않는다.

프라이팬에 소기름을 중불로 놓고 가열해 어느 정도 녹으면 꺼낸다. 마늘, 소고기를 넣는다. 마늘은 노릇해지면 꺼내고 소고기는 한 면당 1분 30초 정도 굽는다. 뒤집어서 약불로 1분 30초 정도 굽는다.

알루미늄 포일로 싸서 3분 정도 둔다. 얇게 썰어서 그릇에 담은 후 소스를 뿌린다. **4**의 마늘과 파슬리를 곁들인다.

Point
굽는 시간만큼 잠시 둔다. 조리 시간 배분은 굽는 시간 50%, 두는 시간 50% 비율로 한다.

정육식당 주인장이 직접 전수합니다! 중독성 경보 발령!

스테이크에 곁들이는 마늘 볶음밥

마늘 향이 감도는 마늘 볶음밥은 스테이크와 궁합이 아주 잘 맞습니다.

재료 1인분

수입산 스테이크(23쪽 참조) … 100g
마늘 … 3쪽
➡ 다지기
밥 … 1그릇
Ⓐ | 굵은 흑후추 … 적당량
버터 … 10g
간장 … 2작은술
감칠맛 조미료 … 1작은술
올리브오일 … 1큰술
갈릭 칩스 … 적절하게
이탈리안 파슬리 … 적절하게
➡ 적당히 다지기
굵은 흑후추 … 적당량

만드는 방법

1 프라이팬에 올리브오일을 두른 후 마늘을 넣고 약불로 가열한다.

2 마늘 색이 변하면 밥을 넣고 중불로 바꾼 뒤 잘 비비면서 올리브오일을 흡수시키며 밥을 볶는다.

3 Ⓐ를 넣고 잘 섞으면서 볶는다.

4 그릇에 담아 스테이크를 올리고 취향에 따라 갈릭 칩스, 파슬리를 적당히 얹은 다음 굵은 흑후추를 뿌린다.

POINT

- 마늘과 버터는 쉽게 타므로 밥과 Ⓐ를 넣었을 때는 중불로 볶는 것이 좋다.
- Ⓐ의 굵은 흑후추는 생각하고 있는 적당량보다 약 3배 정도 많이 뿌리면 더 맛있다.
- 싱거울 때는 소금(분량 외)을 넣어 간을 조절한다.

[설도]

놀랄 정도로 완벽한

로스트 비프 덮밥

로스트 비프는 온도 조절이 가장 중요합니다.
전기밥솥을 사용하면 집에서도 쉽게 레스토랑의 맛을 재현할 수 있답니다.

재료 4인분

설도(로스트 비프용) … 500g
소금, 후추 … 각 적당량
마늘 … 1쪽
➡ 다지기
끓는 물 … 1L
찬물 … 200mL
따뜻한 밥 … 4공기
발사믹 소스(21쪽 참조) … 전량
올리브오일 … 2큰술
달걀노른자, 무순 … 각 적절하게

POINT

- 소고기는 표면을 잘 구워야 한다. 그래야 더욱 고소할 뿐만 아니라 육즙이 빠지지 않는다.
- 60~70℃로 보온하는 것이 중요하다. 전기밥솥의 보온 모드를 사용하면 온도 관리가 쉽다.

만드는 방법

소고기는 조리 30분 전에 냉장고에서 꺼내 상온에 둔다. 전체에 소금, 후추를 뿌리고 마늘을 발라 밑간을 한다.

Point
밑간을 하기 전에 면실로 잘 묶으면 형태가 유지된다.

프라이팬에 올리브오일을 두르고 중불로 가열한 다음 소고기를 넣어 전체를 노릇하게 굽는다.

Point
소고기는 너무 많이 구우면 딱딱해진다. 단면을 보면서 표면에서 5mm 정도까지 익었으면 딱 좋다. 단면은 마지막에 굽는다.

소고기를 지퍼백에 넣어 공기를 뺀다. 전기밥솥에 넣고 끓는 물, 찬물을 넣고 보온 버튼을 눌러 40분 동안 보온한다.

Point
끓는 물과 찬물을 분량대로 넣으면 60~70℃로 보온할 수 있다.

소고기를 꺼내 실을 제거한다. 식힌 후 얇게 썬다. 그릇에 밥, 소고기를 담고 발사믹 소스를 두른다. 취향에 따라 달걀노른자를 올리고 무순을 얹는다.

Point
소고기는 따뜻할 때 썰면 육즙이 다 빠져나가므로, 식히고 나서 썬다.

[사태]

시판 루를 사용하지 않고 고급 레스토랑 맛에 도전!

비프 스튜

노릇하게 구워진 식재료를 푹 조리면 감칠맛이 응축됩니다.
시판 루를 사용하지 않아도 진한 풍미의 비프 스튜를 만들 수 있답니다.

재료 4인분

사태(또는 설깃살/비프 스튜용) … 600g
Ⓐ | 소금, 후추, 밀가루 … 각 적당량
마늘 … 1개
➡ 껍질은 그대로 두고 절반 두께로 썰기
양파 … 1개
➡ 폭 2cm의 빗모양으로 썰기
물 … 1~2L
월계수 … 1장
레드와인(가능하면 풀보디와인) … 500mL
Ⓑ | 데미그라스소스 캔 … 1캔(290g)
버터 … 30g
토마토케첩, 우스터 소스 … 각 2큰술
Ⓒ | 소금, 굵은 흑후추 … 각 적당량
설탕 … 2~3큰술
올리브오일 … 1큰술
Ⓓ | 삶은 당근, 삶은 감자, 크레숑 … 각 적당량
➡ 크기는 취향에 따라
생크림 … 적당량

POINT

- 소고기는 와규를 사용하고 레드와인은 풀보디를 사용하면 맛이 더 좋아진다. 레드와인은 1만 원 정도의 저렴한 것을 사용해도 된다.
- 식재료를 노릇하게 잘 구우면 감칠맛이 응축되어 색이 진한 수프를 만들 수 있다.
- 거품을 꼼꼼하게 잘 걷어내면 비프 스튜의 색이 깔끔해진다.
- 레드와인을 그대로 사용하지 않고 끓여서 사용하면 맛이 더 깊어진다.
- 사태는 푹 조리면 다른 부위에 비해 더 부드러워진다. 아주 약한 불에서 장시간 푹 끓이는 것이 비결이다.

만드는 방법

소고기는 상온에서 잠시 두어서 고기 자체의 온도를 상온으로 올린다. Ⓐ를 재료란의 순서대로 전체에 뿌리고 잘 주물러준다.

Point
루를 사용하지 않는 대신 밀가루를 뿌린다. 그러면 걸쭉해진다.

프라이팬에 올리브오일을 두르고 중불로 가열한 다음 소고기를 넣고 전체가 노릇해질 때까지 잘 굽는다. 구워지면 조림용 냄비로 옮긴다.

Point
장시간 끓이므로 소고기는 속까지 익히지 않아도 된다.

2의 프라이팬에 마늘을 넣는다. 이때 마늘은 썬 면이 냄비 바닥을 향하도록 넣는다. 양파를 넣어 볶는다. 노릇해지면 **2**의 냄비로 옮긴다.

Point
마늘은 뿌리 쪽 껍질은 벗기지 않고 냄비에 넣는다.

재료가 잠길 정도로 냄비에 물을 붓고 뚜껑을 덮은 후 가열한다. 끓어오르면 월계수를 넣고 뚜껑을 덮은 다음 불을 아주 약하게 조절한다. 도중에 거품을 제거하면서 3시간(설깃살은 1~2시간) 정도 끓인다(너무 졸면 물을 부어준다).

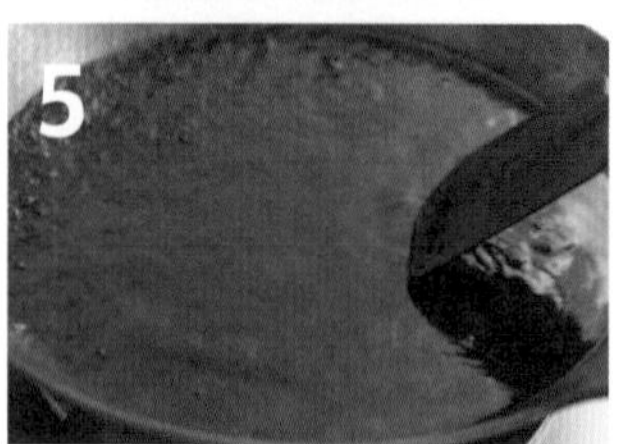

3의 프라이팬에 남은 기름을 닦고 레드와인을 넣어 절반으로 졸 때까지 끓인다.

Point
프라이팬에 붙어 있는 감칠맛을 긁으면서 걸쭉해질 때까지 끓인다.

소고기가 부드러워지면 마늘을 꺼내고 **5**와 Ⓑ를 넣어 약불로 30분 끓인다. Ⓒ로 간을 한다. 그릇에 담아 Ⓓ를 곁들이고 생크림을 뿌린다.

Point
와인에 따라 산미가 다르므로 취향껏 설탕으로 단맛을 조절한다.

[리브로스]

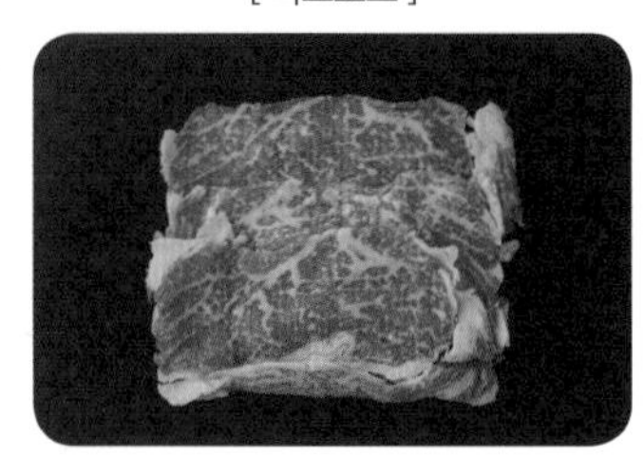

취향을 저격하는

스키야키

3단계로 나누어서 스키야키를 즐겨보세요.
소고기 본래의 맛을 즐기고 나서 수프까지 싹싹 긁어서 먹게 된답니다.

재료 2~3인분

리브로스 … 200g
설탕 … 한 꼬집
간장 … 적당량
푼 달걀 … 적당량
파 … 1개
➡ 어슷썰기
양파 … 1개
➡ 1cm 간격으로 빗모양으로 썰기
Ⓐ 실곤약 … 200g
➡ 끓는 물로 2~3분 끓이고 나서 차가운 물에 식힌 다음 먹기 편한 크기로 썰기
잎새버섯 … 100g
➡ 먹기 좋은 크기로 뜯기
구운 두부 … 1모(350g)
➡ 8등분하기
쑥갓 … 1다발
➡ 먹기 편한 크기로 썰기
Ⓑ 간장 … 4큰술
미림 … 3큰술
설탕 … 2큰술
술 … 1큰술
따뜻한 밥 … 2~3공기
소기름 … 1개
잘게 자른 김 … 적당량

POINT

• 소스의 황금비는 간장 4 : 미림 3 : 설탕 2 : 술 1

스키야키를 즐기는 방법

먼저 소고기만 맛보자

1 냄비에 소기름을 넣고 전체적으로 둘러 향이 나면 꺼낸다. 소고기를 2~3장 넣는다.

Point
소기름이 없을 때는 버터 5g을 사용한다.

2 색이 살짝 변하면 뒤집어서 설탕을 뿌리고 간장을 두른다. 푼 달걀에 적셔서 먹는다.

Point
소고기는 보기 좋은 핑크색이 남아 있을 때가 딱 먹기 좋다.

그다음은 소스와 식재료를 함께 맛보자

3 **2**의 냄비에 파, 양파를 넣고 노릇노릇하게 굽는다.

Point
끓이기 전에 파와 양파를 미리 구우면 향과 맛이 깊어진다.

4 Ⓐ, Ⓑ, 남은 소고기를 넣고 도중에 식재료를 뒤집으면서 익힌다. 익은 식재료부터 푼 달걀에 적셔서 먹는다.

Point
꼭 소고기가 아니라도 좋다. 돼지고기나 닭고기로 스키야키를 해도 맛있다.

마지막으로 덮밥을 맛보자

5 따뜻한 밥에 **4**의 식재료를 올리고 남은 푼 달걀을 두른 다음 잘게 자른 김을 올린다.

Point
냄비에 남은 식재료에는 소고기의 감칠맛이 가득 스며들어 있다. 양념이 스며든 식재료와 푼 달걀로 천상의 맛을 즐겨보자.

[얇게 썬 소고기]

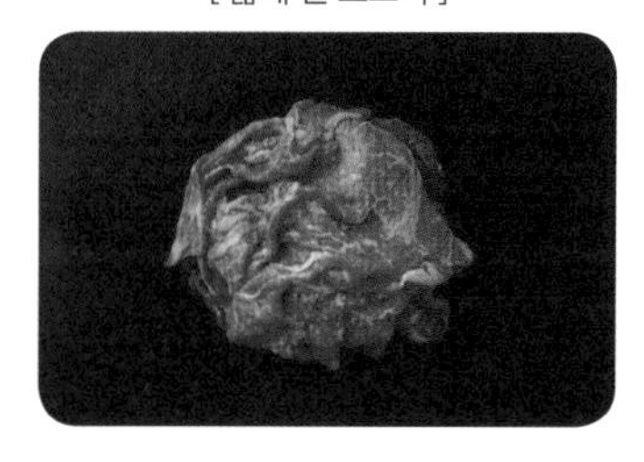

가장 쉽지만 맛은 최고

소고기 덮밥

양파의 감칠맛을 끌어내면서 소고기를 조리는 시간을 짧게 하면
부드러우면서도 간이 잘 밴 소고기 덮밥이 됩니다.

재료 2인분

얇게 썬 소고기 … 250g
➡ 먹기 편한 크기로 썰기
양파 … 1/2개
➡ 폭 1.5~2cm로 빗모양으로 썰기
Ⓐ 물 … 150mL
간장 … 3큰술
삼온당 … 2큰술
화이트와인 … 50mL
미림 … 1큰술
생강 … 1개
➡ 껍질째 다지기
따뜻한 밥 … 2공기
소기름 … 1개(또는 식용유 1작은술)
붉은 생강 초절임 … 적당량

POINT

- 소고기와 양파를 같이 넣어서 조리하면 가열시간이 길어져 소고기가 딱딱해진다. 그래서 재료에 맛이 배어들고 나서 마지막에 소고기를 넣으면 좋다. 그러면 가열 시간이 짧아져서 고기가 부드럽다.

만드는 방법

냄비에 소기름을 올려 가열해 소기름을 골고루 바른다. 양파를 넣고 중불로 볶아 약간 노릇해지면 소기름을 꺼낸다.

Point
양파를 소기름으로 볶으면 감칠맛과 단맛이 더 좋아진다.

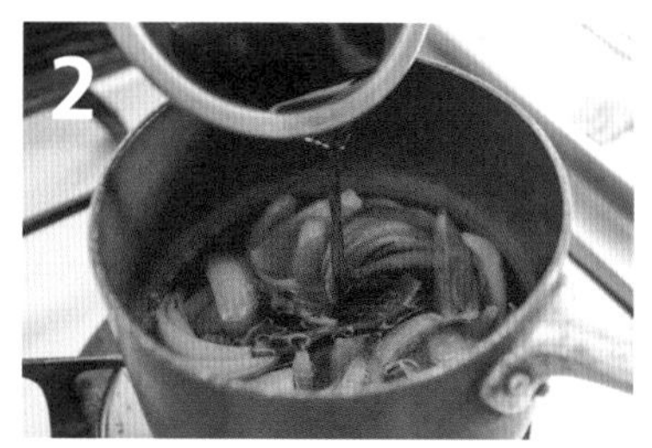

Ⓐ를 넣고 가열하다가 끓으면 약불로 줄인다. 보글보글 끓는 상태를 유지하면서 5분 정도 더 끓인다.

Point
화이트와인을 넣으면 희미하게 산미가 돌아 산뜻한 맛을 더해준다.

소고기를 넣고 거품을 걷어내면서 약불로 5분 정도 더 끓인다.

Point
소고기는 마지막에 넣으면 지나치게 익지 않아 부드러운 고기 맛을 즐길 수 있다.

국물이 졸면 불을 끄고 식힌다. 다시 불을 켜서 따뜻하게 데운다. 그릇에 따뜻한 밥을 담고 소고기와 국물을 위에 올린 다음 붉은 생강 초절임을 곁들인다.

Point
한 번 식히면 소고기에 간이 더 잘 밴다.

[얇게 썬 소고기]

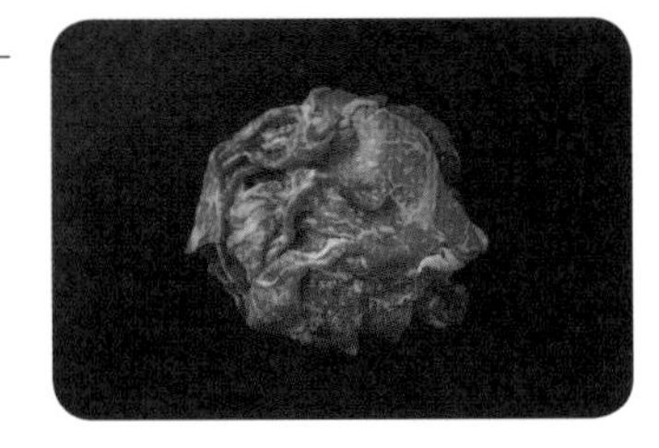

정육식당 주인장이 알려주는 캠핑 요리와 바비큐 요리

소고기 페퍼 라이스

버터가 소고기와 밥에 잘 버무려져서 너무 맛있습니다.
고기구이 소스가 어우러져서 숟가락을 멈출 수가 없을 정도예요.

재료 2인분

얇게 썬 소고기 … 250g
밥 … 1그릇
Ⓐ 스위트콘 … 1캔
실파 … 1개
➡ 잘게 썰기
버터 … 10g
굵은 흑후추 … 적당량
직접 만든 고기구이 소스(20쪽 참조)
… 4~5큰술
소기름(또는 식용유) … 적당량

POINT

- 20cm짜리 스튜 냄비를 사용한다. 쉽게 타기 때문에 표면에 기름을 꼼꼼하게 발라주는 것도 잊지 말자.
- 식용유가 아니라 소기름을 사용하면 더 맛있다.
- 모든 재료를 냄비에 담고 나서 가열한다(콜드 스타트).
- 소고기가 익으면 고기구이 소스를 뿌려서 간이 배게 해야 한다. 이것이 중요하다.

만드는 방법

1. 스튜 냄비(또는 프라이팬이나 핫플레이트)에 소기름을 넣어 가열한고 어느 정도 녹으면 꺼낸 후 불을 끈다.
2. 그릇에 밥을 담고 뒤집어서 스튜 냄비 중앙에 담는다.
3. 밥 주위에 소고기를 놓고 Ⓐ를 전체적으로 뿌린다. 밥 위에 버터를 올리고 굵은 흑후추를 뿌린다.
4. 중간불로 가열한다. 소고기가 어느 정도 익으면 고기구이 소스를 소고기에 뿌려서 노릇하게 익을 때까지 가열한다.
5. 전체적으로 익으면 섞어서 먹는다.

o·Pro
Cobalt Alloy Steel

[교잡우 안심]

줄을 설 정도로 맛있다

소고기 안심 커틀릿 샌드위치

커틀릿에 소스를 가득 배게 하는 것이 중요합니다.
홀그레인 머스터드를 와사비 간장 소스로 바꾸면 일본 스타일로도 즐길 수 있어요.

재료 2인분

교잡우 안심(스테이크용) … **2덩이**(300g)
소금, 후추 … 각 적당량
Ⓐ 밀가루 … 적당량
　 푼 달걀 … 1개
　 빵가루 … 적당량
식빵(8장짜리) … 4장
➡ 가장자리는 잘라내기
홀그레인 머스터드 … 적당량
Ⓑ 맛간장(2배 농축) … 100mL
　 간 마늘, 간 와사비, 설탕 … 각 1작은술
양배추 … 적당량
➡ 채썰기
식용유 … 1L
버터 … 적당량

POINT

- 소고기에서 수분이 나오므로 소금, 후추로 밑간을 하는 것은 튀김옷을 입히기 바로 직전에 한다.
- 커틀릿을 식빵 위에 비스듬하게 올리면 잘랐을 때 샌드위치 단면이 예쁘다.

만드는 방법

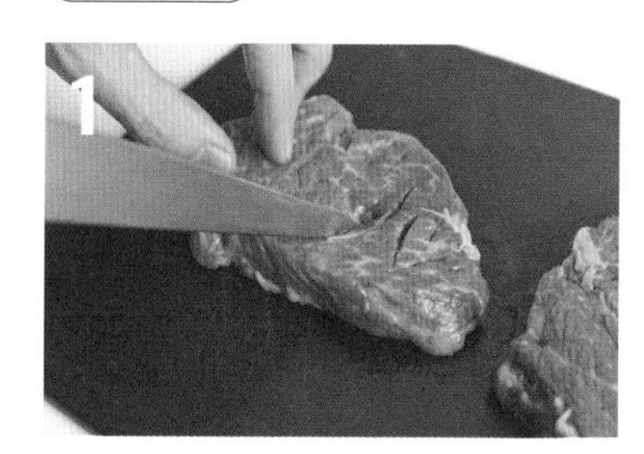

1. 소고기는 상온에 잠시 두어서 고기 온도를 상온으로 올린다. 힘줄을 끊듯이 1cm 간격으로 칼집을 넣는다. 불필요한 지방을 잘라내고 소금과 후추를 뿌려서 밑간한다.

Point
힘줄을 끊은 후 손바닥으로 고기 전체를 누르면 골고루 잘 익는다.

2. 소고기 전체에 Ⓐ를 재료란의 순서대로 입힌다. 냄비에 식용유를 넣고 170℃로 가열한 후 소고기를 넣어 양면을 1분 30초씩 튀긴다.

Point
소고기를 꺼내 트레이에 세우거나 키친타월 위에 올려 식용유를 확실하게 빼준다.

3. 프라이팬에 버터를 중불로 가열한 후 식빵을 넣어서 양면이 노릇노릇하게 될 때까지 굽는다. 식빵 2장에 머스터드를 바른다.

Point
버터는 타기 쉬우므로 불이 강하다 싶으면 약하게 줄인다. 1분~1분 30초 정도면 노릇해진다.

4. **3**의 프라이팬에 Ⓑ를 넣고 섞으면서 약불로 살짝 데운다. **2**의 커틀릿을 넣고 양면에 소스를 잘 흡수시킨다.

Point
커틀릿을 몇 번 뒤집으면서 소스를 충분히 흡수시킨다.

5. 머스터드를 바른 식빵 1장에 커틀릿, 양배추를 올린 다음 머스터드를 바르지 않은 식빵을 올리고 대각선으로 썬다. 이것을 2개 더 만든다.

Point
머스터드를 바르지 않은 식빵을 올리고 누르면 식빵 사이에 커틀릿이 안정되어 자를 때 편하다.

PART 2

정육식당 주인장이 알려주는 고기 요리

돼지고기

돼지고기는 부위에 따라 단단한 정도가 전혀 다르므로 그 부위에 맞는 레시피를 소개합니다.
밑손질 방법 등 중요한 사항을 알아두는 것만으로 훨씬 부드럽고 맛있는 요리를 만들 수 있습니다.
집에서 요리할 때 꼭 참고하세요.

PORK

정육식당 주인장이 알려주는

이 책에 사용한 돼지고기의 부위와 특징

PART OF MEAT

등심

지방이 적당히 분포되어 있어 지방과 살코기가 균형있게 분배되어 있다. 부드럽고 풍미가 훌륭해 스테이크나 구이용으로 좋다.

PART OF MEAT

얇게 썬 등심

스테이크용 등심보다 지방이 많고 돼지고기의 감칠맛을 즐길 수 있다. 생강 소스 구이를 하거나 샤부샤부를 하면 풍미를 더욱 잘 즐길 수 있다.

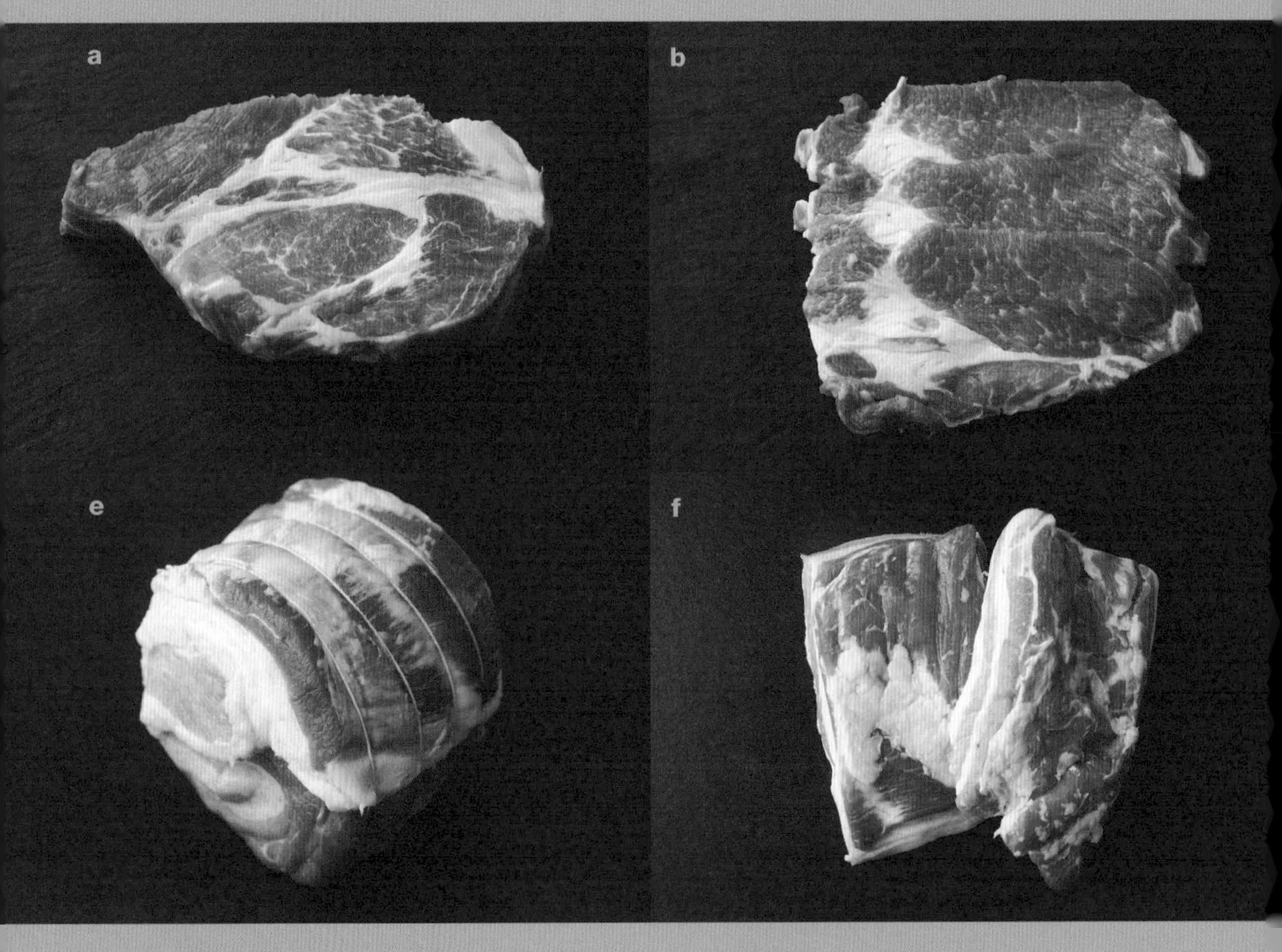

PART OF MEAT

통삼겹살(차슈용)

갈비뼈 주변 부위. 마트에서 차슈용으로 팔고 있는 것은 실이 감겨 있는 경우가 많다.

PART OF MEAT

통삼겹살

돼지 삼겹살은 살코기와 지방이 층층이 쌓여 있고 균형도 잘 잡혀 있어 고기의 감칠맛과 풍미가 좋다. 깍둑썰기를 해서 조림을 하면 더 맛있다.

돼지고기는 두껍게 썰거나 얇게 써는 등 부위에 따라 나누어 사용할 수 있는 것이 특징!
특징을 잘 알고 있으면 자주 사용하는 돼지고기로 더 맛있는 요리를 만들 수 있답니다.

PART OF MEAT

등심(목살)

목은 운동량이 많아 약간 질기다. 젤라틴질이 많고 감칠맛이 좋아 조림이나 스튜 등에 사용하면 부드러워지면서 더 맛있다.

PART OF MEAT

두껍게 썬 등심

지방이 표면에 적당히 올라와 있고 살코기의 결이 촘촘해 부드럽다. 단맛과 감칠맛이 응축되어 있어 소테를 만들면 맛이 좋다.

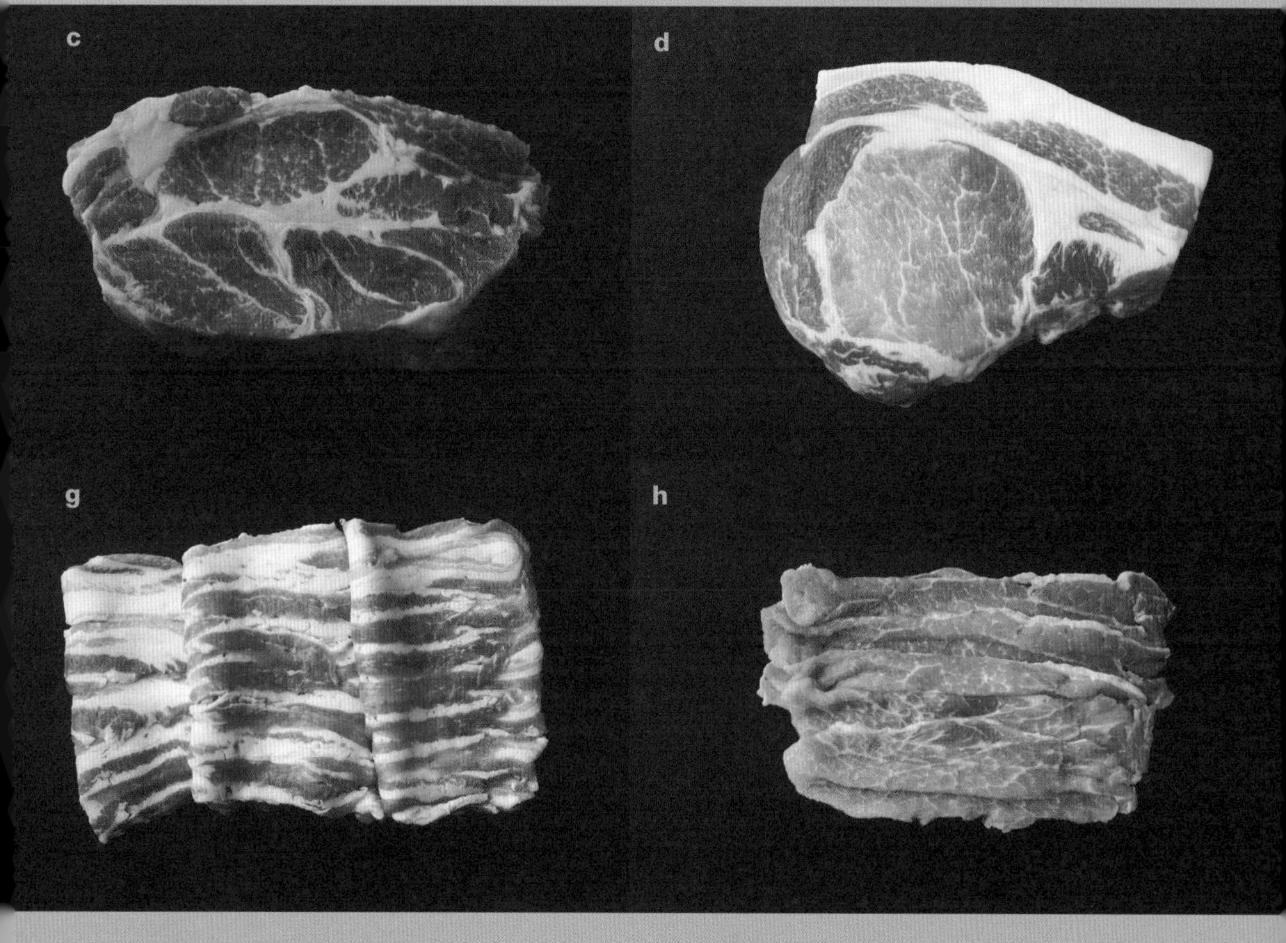

PART OF MEAT

얇게 썬 삼겹살

얇게 썰면 식감이 부드러워져 지방의 단맛을 더 잘 느낄 수 있다. 조림 요리에 넣어 채소와 같이 조리면 단맛과 감칠맛이 스며든다.

PART OF MEAT

얇게 썬 다리살

운동량이 많은 부위라서 살코기가 많고 지방이 적어 담백하다. 딱딱해지기 쉬우므로 찌거나 볶는 요리에 좋다.

PORK

돼지고기 등심을 용도별로 분해한다

등심은 위치에 따라 질긴 정도가 다릅니다.
용도에 맞게 사용하면 부위의 장점을 잘 살릴 수 있답니다.

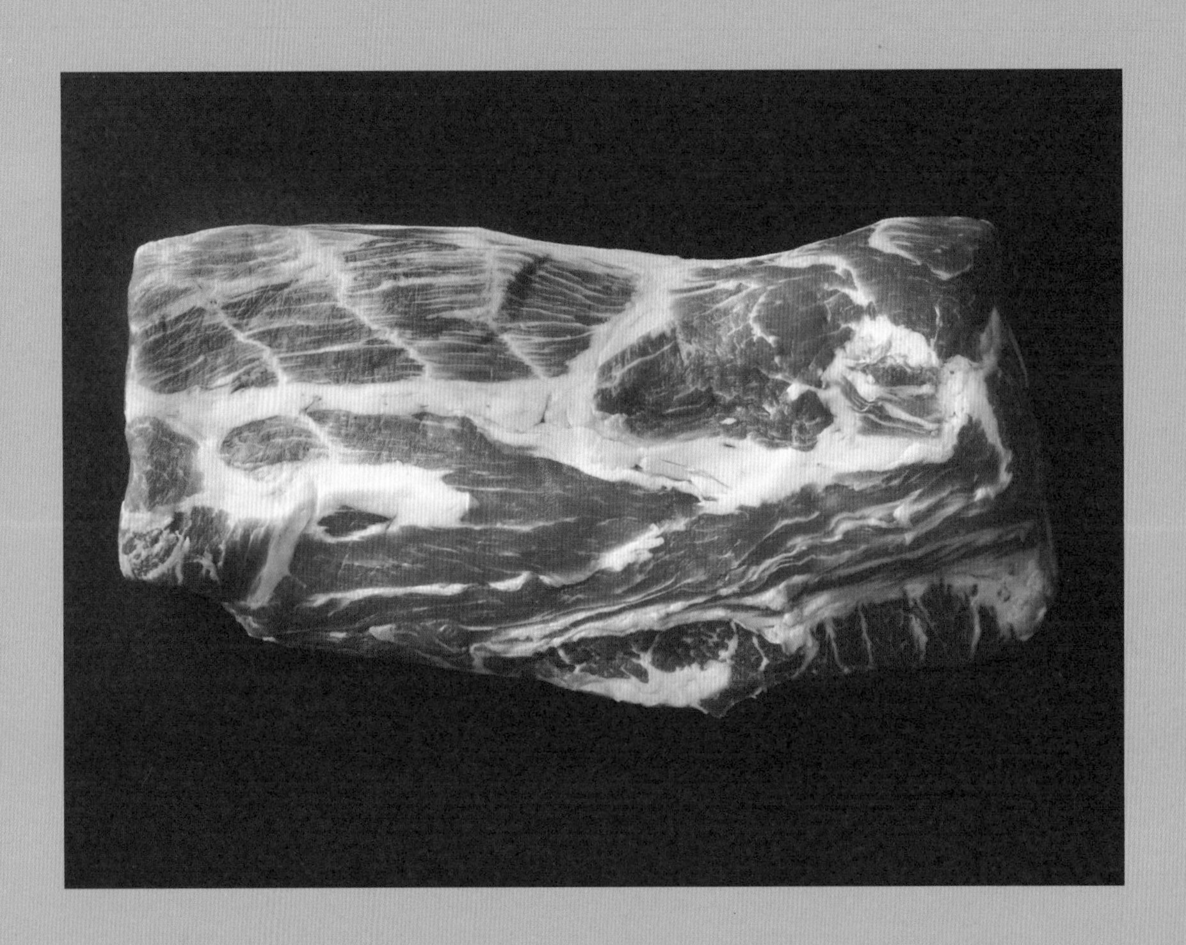

등심 중에도 부드러운 부분과 딱딱한 부분이 있어 요리법에 맞추어 사용

대형 마트에 가면 고기를 덩어리로 살 수 있다. 대부분은 뼈가 없어 표면을 정리하는 것만으로 집에서도 쉽게 잘라서 조리할 수 있다. 또 무엇보다도 싼 가격으로 맛있는 고기 요리를 만들 수 있다는 장점도 있다. 여기에서는 등심 덩어리를 용도별로 분해해본다.

등심 덩어리는 어깨부터 등까지의 부분이다. 목 쪽은 자주 움직이기 때문에 힘줄이 많아 질기다. 그래서 조림 요리나 민스 커틀릿 등을 만들기에 좋다. 등쪽은 부드럽고 감칠맛도 있고 풍미도 강해 두껍게 썰어서 소테나 돈가스에 사용하면 좋다. 중간 부분은 살코기와 지방의 균형이 잘 맞아 얇게 썰어서 구이용으로 사용한다. 지방이 많은 부위나 질긴 부위를 알아 두면 구이나 조림, 스테이크, 샤부샤부 등 용도별로 맛있게 먹을 수 있다.

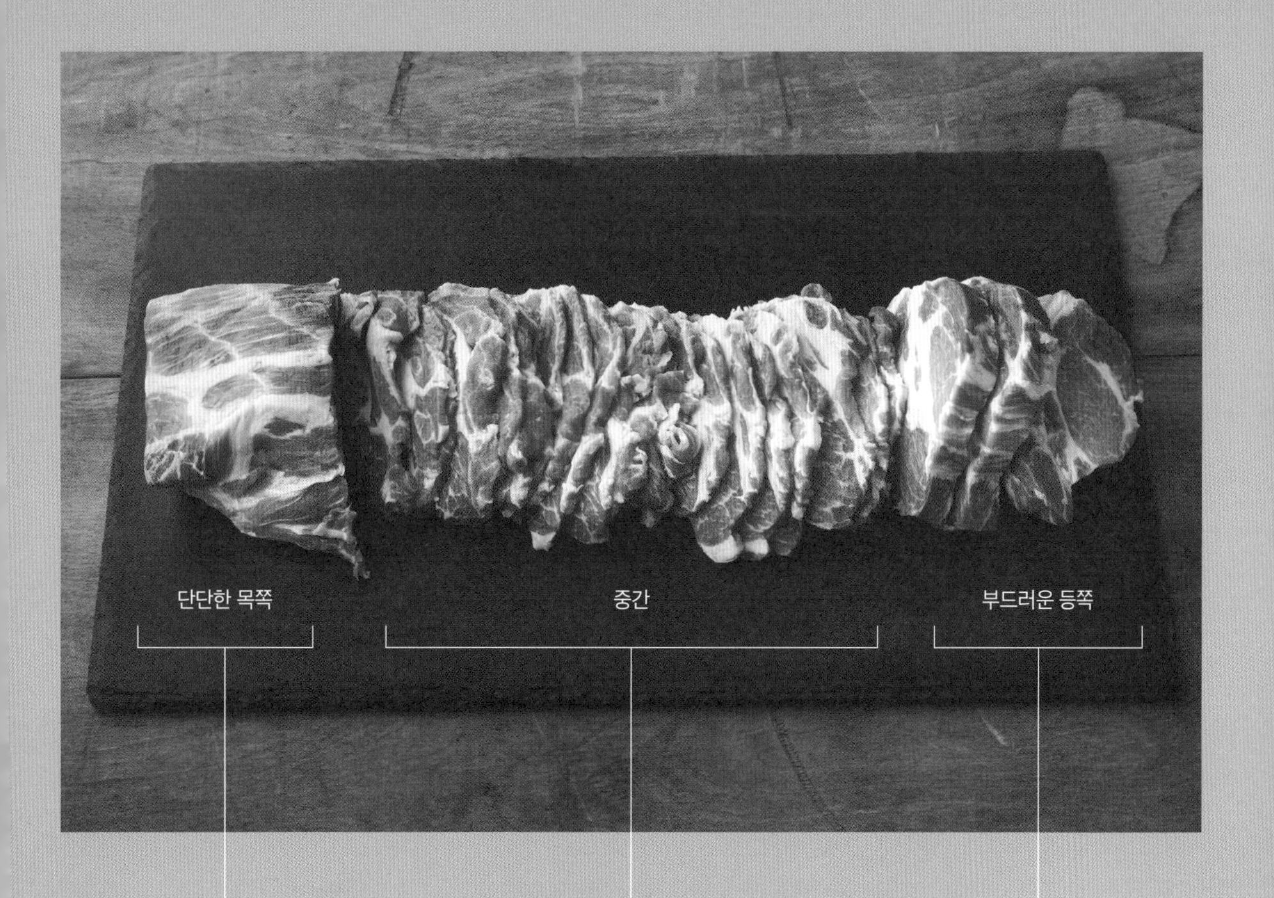

사각형으로 썰어서
조림으로

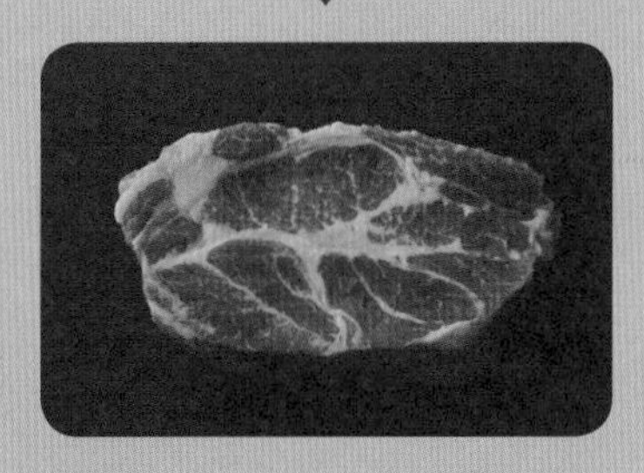

"자꾸만 손이 가는 돼지고기 조림" ⇒ 47쪽

목 부위는 지방은 적당히 들어가 있지만 힘줄이 많고 딱딱하다. 사각형으로 썰어 조림을 하거나 굵게 갈아서 사용하면 좋다.

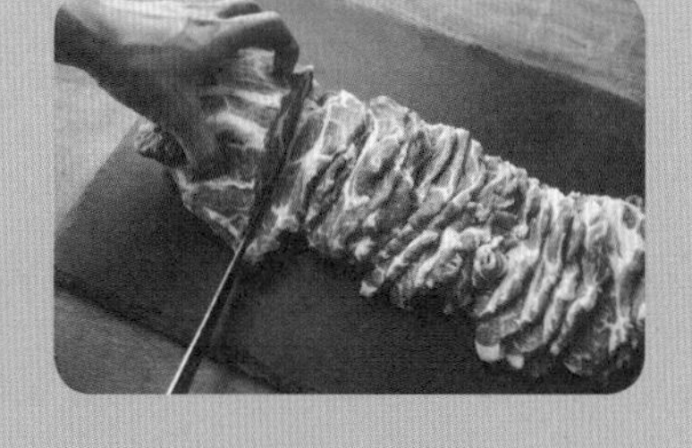

얇게 썰어서
생강구이나 볶음요리로

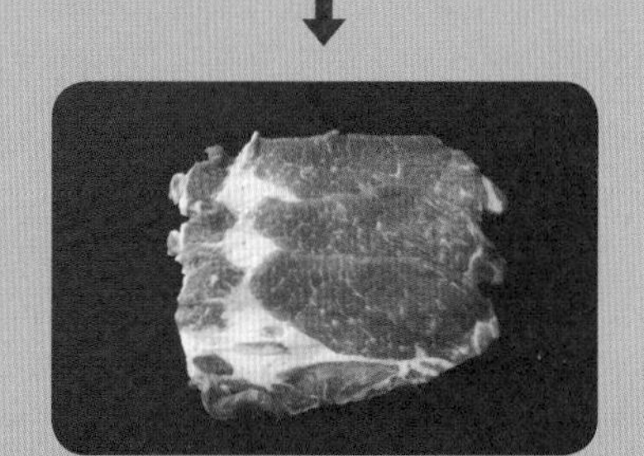

"돼지고기 생강구이" ⇒ 46쪽

중간 부분은 지방과 살코기의 균형이 잘 잡혀 있어 얇게 썰면 조림, 구이, 볶음 등 다양한 요리에 사용할 수 있는 멀티 플레이어.

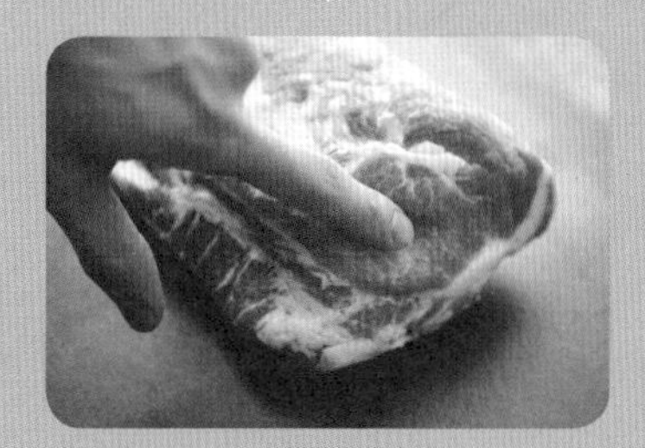

두껍게 썰어서
소테나 돈가스로

"명품 돼지고기 스테이크" ⇒ 44쪽

근육을 그다지 움직이지 않는 부분이라서 지방이 많고 부드럽다. 진한 감칠맛을 즐길 수 있으므로 두껍게 썰어 소테나 돈가스에 사용하면 가장 좋다

[등심(부드러운 등쪽)]

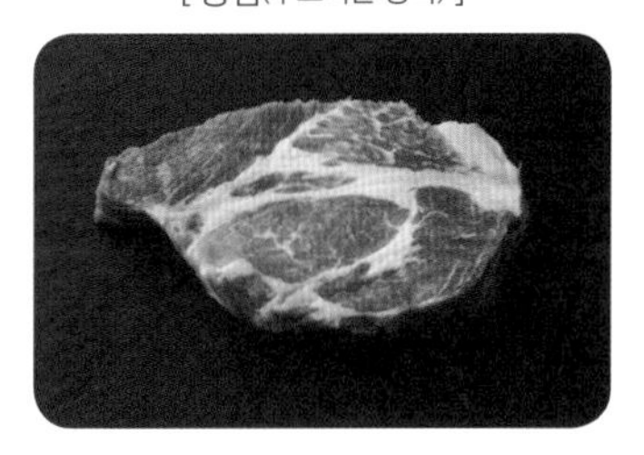

두꺼운데 부드럽다!

명품 돼지고기 스테이크

굽는 시간을 단축하면 돼지고기가 부드러워집니다.
마늘 향이 감도는 소스가 돼지고기와 만나서 환상적인 맛을 만든답니다.

재료 1인분

등심(부드러운 등쪽) … **1덩이**(150g)
소금, 후추 … 각 적당량
밀가루 … 적당량
마늘 … 1쪽
➡ 얇게 썰기
Ⓐ 토마토케첩, 우스터 소스, 미림, 물 … 각 1큰술
간 마늘 … 1작은술
설탕, 간장 … 각 1/2큰술
식용유 … 3큰술

POINT

- 두꺼운 고기는 굽는 시간을 단축하는 것이 고기를 부드럽게 만드는 요령이다. 고기를 프라이팬에서 꺼내 상온에 잠시 두면 남은 열로 익어 굽는 시간을 단축할 수 있다.
- 밀가루를 뿌리면 식감이 바삭해질 뿐만 아니라 소스가 잘 묻는다.
- 돼지고기를 굽기 전에 소스를 만들어두면 딱 좋은 타이밍에 소스를 넣을 수 있다.

만드는 방법

1 돼지고기는 냉장고에서 꺼내 잠시 두어 고기 온도를 상온으로 올린 다음 키친타월로 물기를 닦는다. 지방 부분에 3~4곳 정도 칼집을 넣고 양면에 소금과 후추를 뿌린 다음 밀가루를 입힌다. Ⓐ는 섞어 둔다.

2 프라이팬에 식용유를 두른 후 마늘을 넣어 약불로 가열한다. 마늘이 노릇하게 구워지면 꺼낸다(마늘은 따로 둔다). 돼지고기를 넣고 중불로 한 면을 3분 정도 굽는다.

3 노릇하게 구워졌으면 꺼내서 3분 정도 잠시 둔다.

Point
남은 열로 익히면 굽는 시간을 단축할 수 있고 식감이 부드러워진다.

4 프라이팬에 녹아 나온 돼지기름을 닦아낸 후 중불로 가열한다. 돼지고기의 굽지 않은 면을 아래로 해서 넣는다. 2분 정도 구워서 돼지고기 전체를 익힌다.

Point
돼지고기가 탈 것 같으면 약불로 줄인다.

5 Ⓐ를 넣어 돼지고기에 묻히면서 윤기가 날 때까지 1분 정도 가열한다. 원하는 크기로 잘라 그릇에 담는다. **2**의 마늘을 올리고 프라이팬에 남아 있는 소스를 뿌린다.

Point
돼지고기는 몇 번 뒤집어 가며 소스를 전체적으로 골고루 묻힌다.

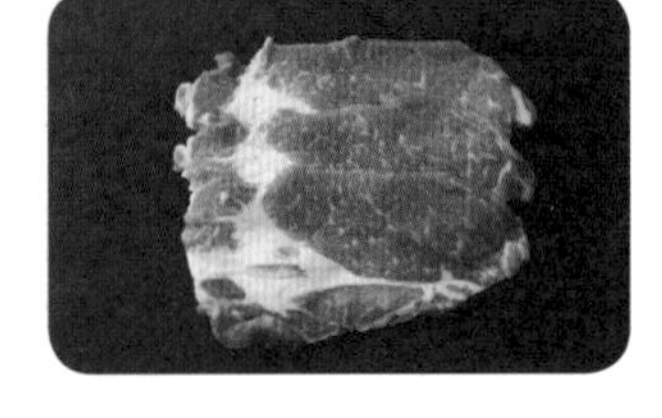

[얇게 썬 등심]

정육식당 주인장이 알려주는 매콤달콤 서양식

돼지고기 생강구이

GINGER GRILLED PORK

지방이 골고루 들어가 있는 부위를 얇게 썰어서 생강구이를 만들었습니다.
간을 진하게 하면 밥도둑이 된답니다.

재료 2인분

얇게 썬 등심 … 350g

Ⓐ
- 간장 … 2큰술
- 설탕 … 1과 1/2큰술
- 간 생강 … 1큰술
- 일본술 … 2작은술
- 두반장 … 1작은술

양파 … 1/2개
➡ 얇게 썰기

토마토케첩 … 1작은술

라드(또는 식용유) … 적당량

양배추 … 적당량
➡ 채썰기

만드는 방법

1 돼지고기는 상온에 잠시 둔다. Ⓐ는 섞어 둔다.

Point
약간 두껍게 썬 고기도 상온에 두면 부드러운 식감을 살릴 수 있다.

2 프라이팬에 라드를 넣고 중불로 가열한 다음 돼지고기를 펼쳐서 넣는다.

3 양면을 노릇하게 굽고 Ⓐ와 양파를 넣어 버무린다.

4 전체적으로 노릇하게 구워지면 토마토케첩을 넣고(a) 윤기가 날 때까지 가열한다.

5 그릇에 담고 양배추를 곁들인다.

POINT

토마토케첩은 마지막에

토마토케첩을 마지막에 넣으면 산미가 적당하게 유지되면서 한층 더 맛있어진다.

[등심(목살)]

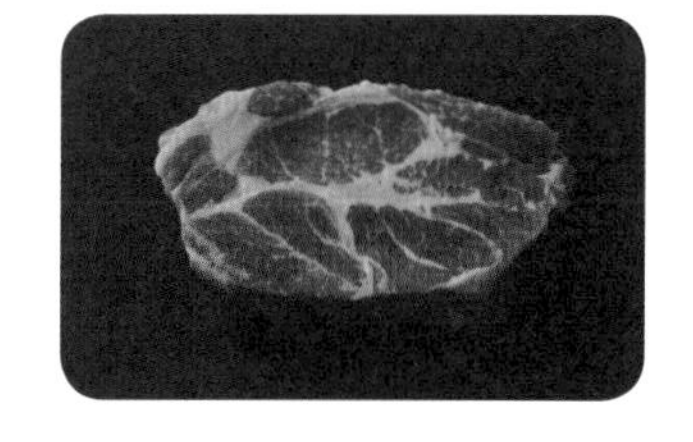

백번 양보해도 "미쳤다" 자꾸만 손이 가는

돼지고기 조림

BRAISED PORK

남은 부분은 사각형으로 잘라서 조림으로 만들어보세요.
밥에 올리면 덮밥, 술과 함께라면 안주로 대활약!

재료 2인분

등심(목살) … 200g
달걀 … 6개
Ⓐ 간장, 물 … 각 100mL
설탕 … 3큰술
간 마늘 … 1작은술
참깨, 참기름 … 각 1큰술
파 … 1개
➡ 흰색 부분은 다지기, 녹색 부분은 그대로 남겨 두기

만드는 방법

1. 냄비에 물을 가득 넣고(분량 외) 끓인다. 끓으면 달걀을 넣고 6분 30초 정도 삶는다. 뜨거운 물을 그대로 두고 달걀만 꺼내서 찬물에 담근 후 껍질을 깐다.
2. 보관 용기에 Ⓐ와 파의 흰색 부분을 넣고 섞어 둔다.
3. **1**의 뜨거운 물에 돼지고기, 파의 녹색 부분을 넣고 아주 약한 불에서 15분 동안 끓인 후 돼지고기를 냄비에서 꺼낸다. 식으면 작게 깍둑썰기한다.
4. **2**의 보관 용기에 삶은 달걀, 돼지고기를 넣고 냉장고에서 하룻밤 재운다. 먹을 때는 데워서 먹는다.

POINT

- 달걀을 삶을 때 식초를 소량 넣으면 달걀이 깨졌어도 흰자가 밖으로 새지 않는다.

[두껍게 썬 등심]

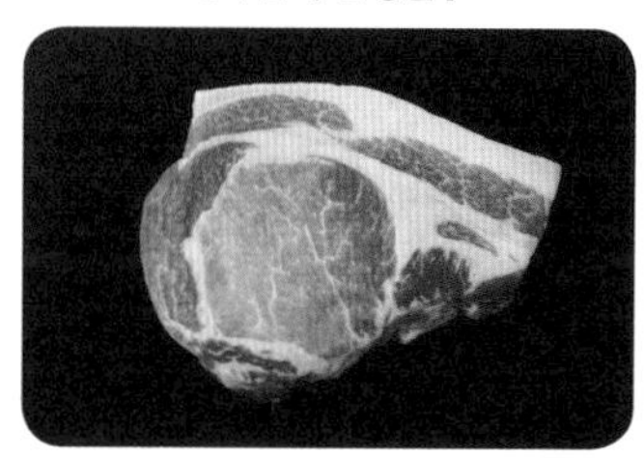

정육식당 주인장이 알려주는

기본 포크 소테(우스터 간장 소스)

돼지고기는 식힌 후 사용하면 육즙을 가득 머금습니다.
우스터 간장 소스의 진한 맛이 더해지면 더 맛있답니다.

재료 1인분

두껍게 썬 등심 … **1덩이**(200g)
소금, 후추 … 각 적당량
마늘 … 1쪽
➡ 얇게 썰기
잎새버섯 … 50g
➡ 손으로 찢기
양파 … 1/4개
➡ 얇게 썰기
Ⓐ 우스터 소스, 간장 … 각 25mL
레드와인 … 1큰술
식용유 … 2큰술
버터 … 10g

POINT

- 돼지고기는 차가운 상태에서 구우면 속까지 잘 익지 않는다. 조리하기 전에 꼭 상온에 잠시 두고 고기 자체 온도를 상온으로 올린다.
- 돼지고기는 너무 굽지 않고 잠시 두면서 남은 열을 이용해 익히면 식감이 부드러워진다.

만드는 방법

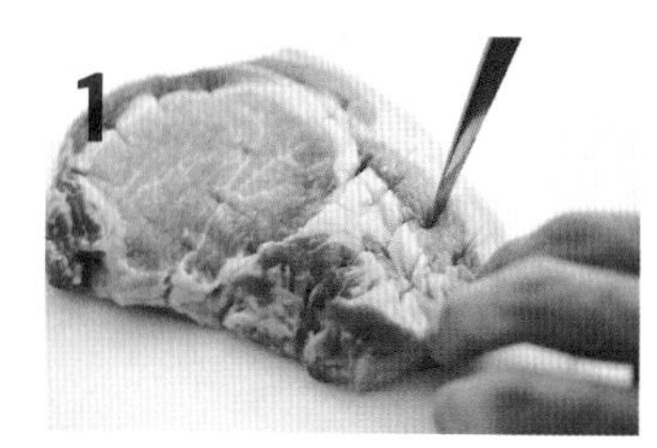

돼지고기는 상온에 잠시 둔다. 힘줄을 끊듯이 1cm 간격으로 칼집을 넣는다.

Point
돼지고기에 칼집을 넣으면 구웠을 때 고기가 휘는 것을 방지할 수 있다.

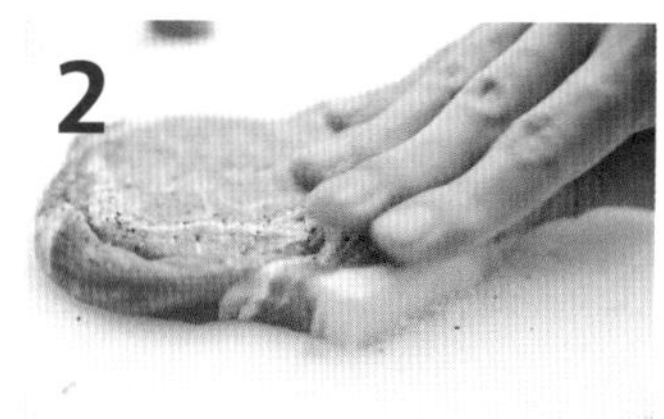

돼지고기 표면에 소금과 후추를 뿌려서 밑간을 한다.

Point
지방에도 소금과 후추를 뿌리는 것이 맛의 비결!

프라이팬에 식용유를 두르고 가열한 후 돼지고기를 넣고 중불로 한쪽 면을 3분 정도 굽는다.

Point
돼지고기는 단면을 굽기 전에 측면의 지방을 프라이팬에 눌러서 노릇하게 만든다.

노릇해지면 꺼내서 3분 정도 잠시 둔다.

Point
남은 열로 속까지 익힌다.

프라이팬에 남아 있는 돼지기름을 닦고 버터를 녹인 후 마늘을 넣는다. 돼지고기는 굽지 않은 면을 아래로 해서 넣고 약불로 2~3분 정도 굽는다.

Point
돼지기름을 닦고서 버터를 넣으면 기름지지 않는다.

잎새버섯, 양파, Ⓐ를 넣고 중불로 볶는다.

Point
돼지고기는 다 구워졌으면 먼저 꺼내 둔다. 그러면 고기가 딱딱해지지 않는다.

[두껍게 썬 등심]

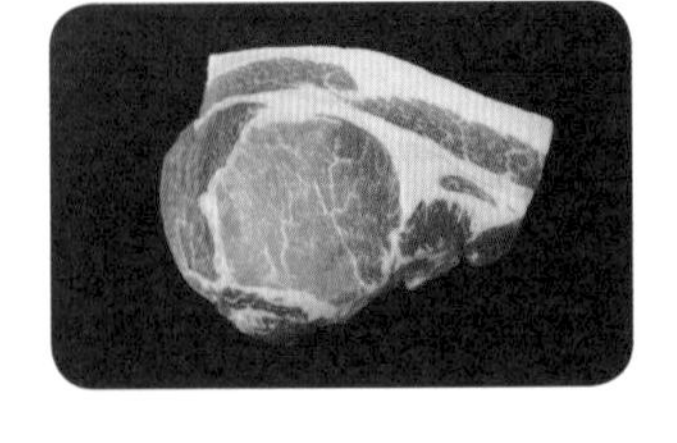

이걸 뛰어넘는 레시피가 있을까?

허니 머스터드 포크

기본 소테에 달달한 소스로 간을 합니다.
돼지고기는 너무 굽지 않아야 한다는 점, 잊지 마세요.

재료 1인분

[허니 머스터드 포크]

두껍게 썬 등심 … 1덩이(200g)
소금, 후추 … 각 적당량
Ⓐ 홀그레인 머스터드, 꿀 … 각 1큰술
　간장 … 1작은술
　간 마늘 … 1/2작은술
화이트와인 … 1큰술
올리브오일 … 2큰술
버터 … 10g

[크림 조림]

Ⓑ 양파 … 1/4개 ➡ 얇게 썰기
　만가닥버섯 … 50g
　➡ 밑동을 자르고 손으로 찢기
생크림 … 100mL
올리브오일 … 1작은술
굵은 흑후추, 이탈리안 파슬리 … 각 적당량

만드는 방법

[허니 머스터드 포크]

1 돼지고기는 상온에 꺼내 놓고 힘줄을 자르듯 1cm 간격으로 칼집을 넣는다. 양면에 소금과 후추를 뿌린다.

2 프라이팬에 올리브오일을 두르고 가열한 다음 돼지고기를 넣고 중불에서 한 면을 3분 정도 굽는다. 프라이팬에서 꺼내 3분 정도 식힌다. Ⓐ는 섞어 둔다.

3 프라이팬에 남아 있는 돼지기름을 닦고 버터를 넣어 중불로 가열해 녹인다. 돼지고기의 굽지 않은 면을 아래로 해서 프라이팬에 넣고 화이트와인을 넣는다. 알코올이 날아가면 Ⓐ를 넣고 2분 정도 가열한다. 돼지고기는 먹기 편한 크기로 썬다.

[크림 조림]

4 다른 프라이팬에 올리브오일을 두르고 가열한다. Ⓑ를 넣어 노릇해질 때까지 볶는다.

5 **4**에 **3**, 생크림을 넣고 걸쭉해질 때까지 조린다. 굵은 흑후추를 뿌리고 파슬리를 곁들인다.

ARRANGE MENU

[두껍게 썬 등심]

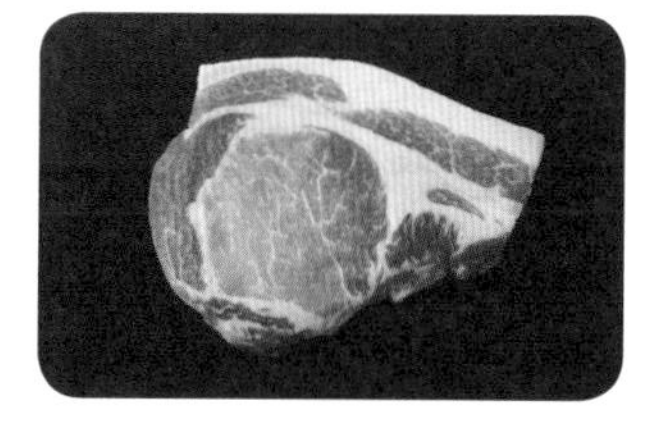

정육식당의 전통 비법

돼지고기 미소 된장 절임

PORK SAUTE miso

미소 된장에 절여서 풍미와 맛을 진한 소테로.
구울 때는 미소 된장을 잘 털어내세요.

재료 1인분

두껍게 썬 등심 … 1덩이(150g)

Ⓐ 미소 된장 … 80g
　미림 … 1큰술

Ⓑ 당근 … 1/4개
　➡ 가늘게 썰기
　양파 … 1/4개
　➡ 얇게 썰기
　피망 … 1/2개
　➡ 가늘게 썰기
　만가닥버섯 … 50g
　➡ 밑동은 자르고 손으로 찢기

식용유 … 1큰술

만드는 방법

1 돼지고기의 전체에 Ⓐ를 섞어 골고루 바른다. 랩으로 잘 싸서 냉장고에 2~3일간 재운다.

2 돼지고기에 붙어 있는 미소 된장을 잘 털어내고(a/미소 된장은 따로 모아 둔다) 상온에 잠시 둔다.

3 프라이팬에 식용유를 두르고 가열한 후 돼지고기를 넣고 중불로 한쪽 면을 2분 정도 굽는다.

4 노릇해지면 뒤집어서 약불로 1~2분 굽고 그릇에 담는다.

5 **4**의 프라이팬에 Ⓑ를 넣고 숨이 죽을 때까지 볶는다. **2**의 미소 된장을 넣고 가볍게 볶은 후 **4**의 그릇에 담는다.

POINT

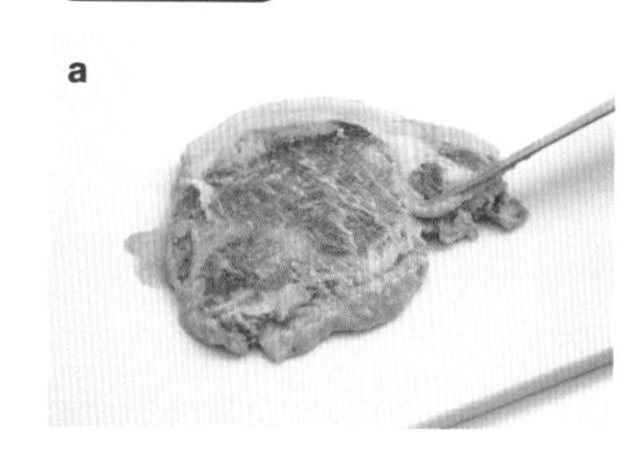

굽기 전에 미소 된장을 털어낸다

돼지고기를 구울 때 미소 된장을 털어내면 표면이 타지 않고 먹음직스럽게 구울 수 있다.

[두껍게 썬 등심]

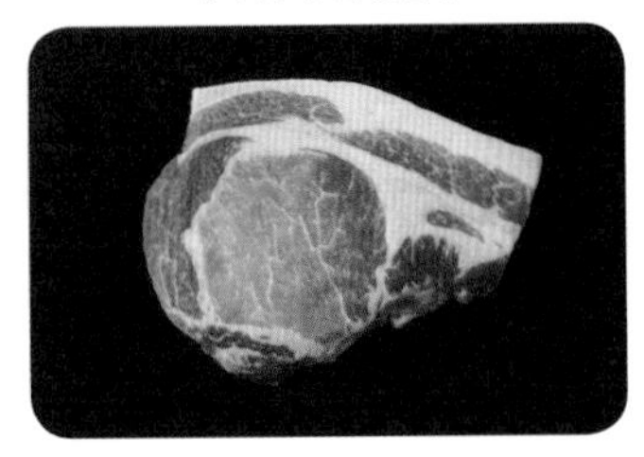

젓가락으로 자를 수 있을 정도로 부드럽다

두툼한 돈가스

겉은 바삭바삭, 속은 촉촉하고 부드러운 돈가스.
남은 열기로 익힌 후 고온에서 다시 튀기는 것이 맛의 비결!

재료 1인분

두껍게 썬 등심 … 1덩이(150g)

Ⓐ
- 소금, 후추 … 각 적당량
- 밀가루 … 적당량
- 푼 달걀 … 1개
- 빵가루(식빵) … 적당량

식용유 … 1L
양배추 … 적당량
➡ 채썰기
차조기(또는 깻잎) … 2장
➡ 채썰기
레몬 … 1/8개
➡ 반달썰기
암염 … 적당량

POINT

- 돼지고기는 상온에 잠시 두었다가 조리하면 튀길 때 시간이 단축되고 딱딱해지는 것을 방지할 수 있다.
- 돼지고기는 갑자기 170℃의 고온에서 튀기면 딱딱해진다. 처음에는 150℃의 저온에서 천천히 익히고 마지막에 170℃의 고온에서 튀기면 겉은 바삭바삭하고 속은 부드럽다.

만드는 방법

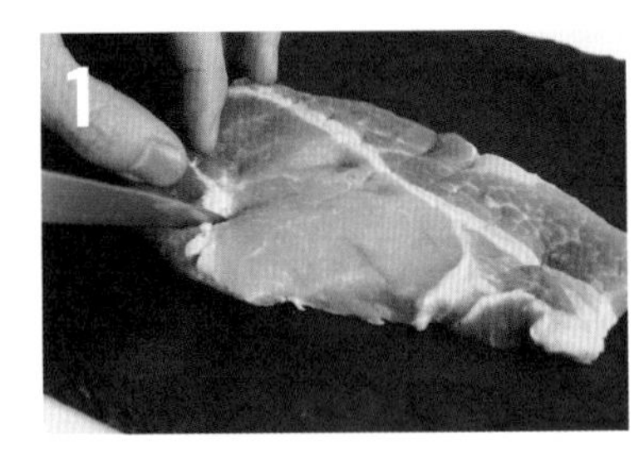

1 돼지고기는 상온에 잠시 두어서 고기 자체의 온도를 상온으로 올린다. 힘줄을 자르듯 1cm 간격으로 칼집을 넣는다.

Point
돼지고기를 튀겼을 때 고기가 휘는 것을 막을 수 있다.

2 Ⓐ를 재료란의 순서대로 돼지고기에 입힌다.

Point
밀가루와 푼 달걀을 골고루 입히면 튀김옷이 벗겨지거나 육즙이 도망가는 것을 막을 수 있다.

3 냄비에 식용유를 넣고 150℃로 가열한다. 돼지고기를 넣어 3분 정도 튀긴다. 꺼내서 2~3분간 둔다.

Point
갑자기 고온으로 튀기면 고기가 딱딱해지므로 처음에는 저온에서 튀긴다.

4 식용유를 170℃로 가열해 돼지고기를 넣고 1분 정도 튀긴다. 노릇해지면 꺼내서 기름을 뺀다. 그릇에 담고 양배추, 차조기, 레몬, 암염을 곁들인다.

Point
온도계가 없을 때는 튀김 젓가락을 사용해서 기름 온도를 가늠한다. 170℃라면 튀김 젓가락을 넣었을 때 거품이 부글부글 끓어오른다.

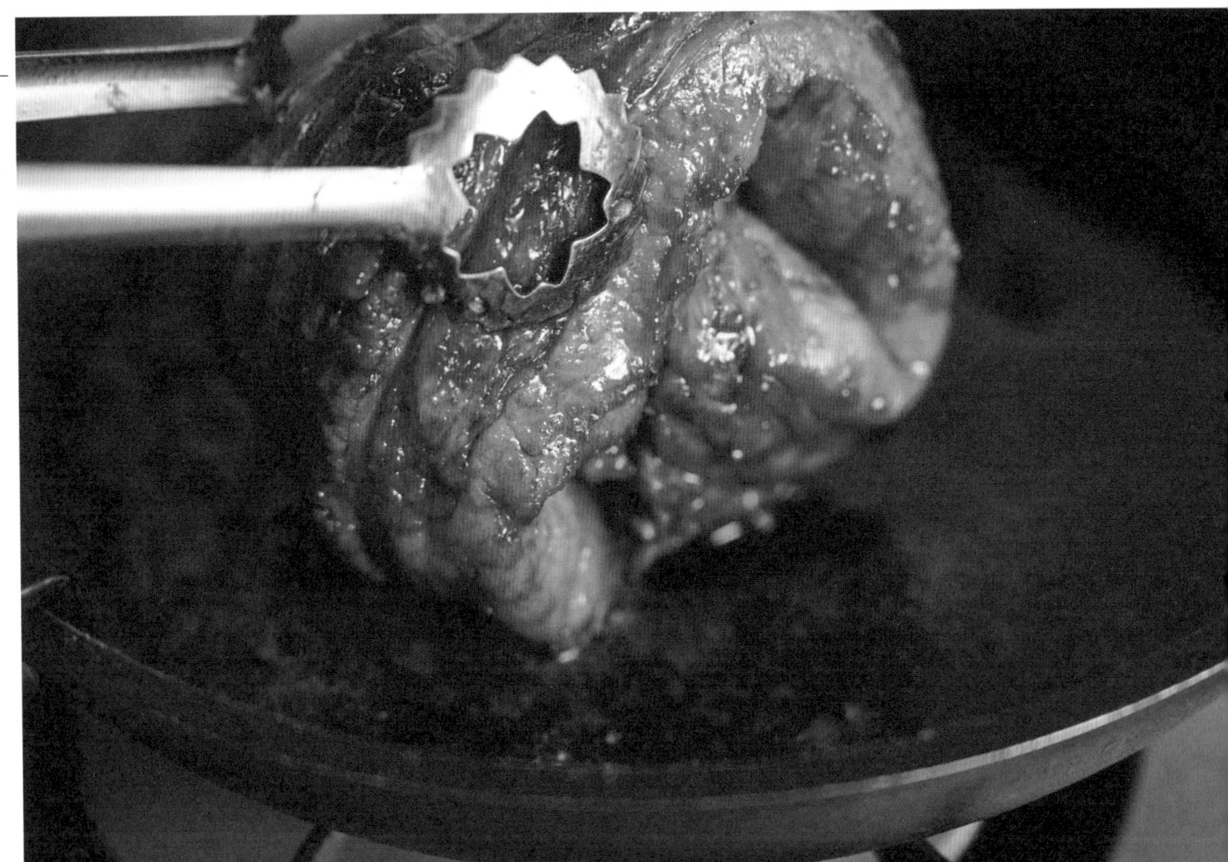

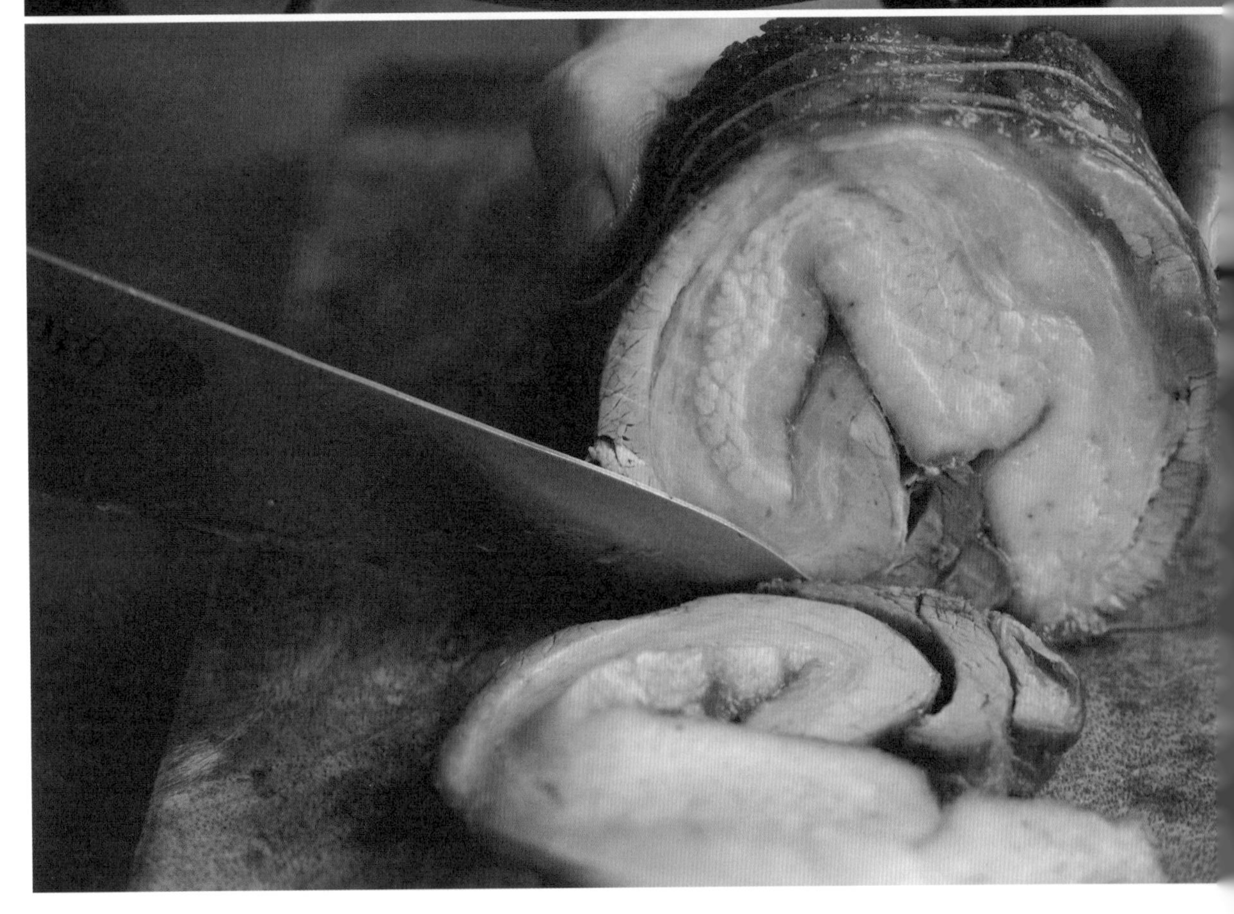

[통삼겹살(차슈용)]

프라이팬으로 가능하다

찐 차슈

ROASTED PORK BELLY

고소하고 부드러운 차슈를 집에서도 만들 수 있습니다.
남은 국물은 수프로 즐기세요.

재료 4인분

통삼겹살(차슈용) … 400~500g

Ⓐ 파(녹색 부분) … 1개
마늘 … 1쪽
➡ 으깨기
생강 … 1쪽
➡ 얇게 썰기
사과 껍질 … 1/2개
팔각회향 … 1개
물 … 1L
술 … 50mL

Ⓑ 조림 국물 … 100mL
간장 … 50mL
삼온당 … 2큰술

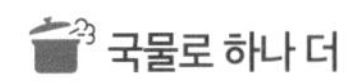

국물로 하나 더

중국식 수프

Ⓒ 조림 국물 … 400mL
파(흰색 부분) … 1개
➡ 통썰기
간장, 치킨스톡(페이스트) … 각 2작은술

다른 냄비에 Ⓒ를 넣고 중불로 끓을 때까지 가열한다.

만드는 방법

1 냄비에 돼지고기를 넣고 전체가 노릇해질 때까지 중불로 굽는다.

Point
식용유를 두르지 않고 돼지고기에서 녹아 나온 기름으로 굽는다.

2 불을 끄고 냄비의 돼지기름을 닦은 후 Ⓐ를 넣고 끓인다.

Point
사과 껍질을 넣으면 과일향의 풍미가 더해진다.

3 뚜껑을 덮고 약불로 1시간 정도 끓인다. 가끔 돼지고기를 뒤집으면서 거품을 제거한다. 불을 끄고 돼지고기만 프라이팬에 옮긴다(조림 국물은 따로 남겨 둔다).

Point
아주 약한 불로 끓는 상태를 유지하면 돼지고기가 부드러워진다.

4 **3**의 프라이팬에 Ⓑ를 넣고 약불로 10분 정도 졸인다. 소스가 많이 줄어들면 남겨둔 조림 국물을 넣어 소스의 양을 조절한다.

Point
숟가락으로 돼지고기에 소스를 끼얹으며 끓이면 고기에 맛이 잘 스며든다.

5 소스가 걸쭉해지면 불을 끄고 돼지고기를 꺼내 식힌다.

Point
돼지고기는 뜨거우면 썰기 어렵다. 식히고 나서 썬다.

[통삼겹살]

식욕을 너무 자극하므로 주의 경보 발령!

돼지고기 조림

입에 넣는 순간 녹아버립니다.
키친타월을 덮어서 푹푹 조리면 맛있답니다.

재료 3~4인분

통삼겹살 … 600g

Ⓐ 파(녹색부분) … 1개
생강 … 1쪽
➡ 얇게 썰기

Ⓑ 조림 국물(식혀서 기름을 제거한 것), 요리술, 물 … 각 200mL
간장 … 5큰술
설탕 … 4큰술

삶은 달걀 … 3개
파(흰색 부분) … 5cm
➡ 가늘게 채썰기
겨자 … 적절하게

POINT

- 키친타월을 덮으면 돼지고기의 표면이 건조해지지 않고 약불에서 은근하게 끓는 상태를 유지할 수 있다. 간을 할 때도 키친타월을 사용하면 맛이 골고루 스며든다.
- 식힌 후 하얗게 굳은 기름을 제거하면 기름지지 않고 먹기 좋다.
- 조림을 할 때는 미리 한 번 데쳐서 냄새와 여분의 지방을 제거한다. 이 과정을 잘하면 고기가 부드러워져서 간이 잘 배고 더 맛있어진다.

만드는 방법

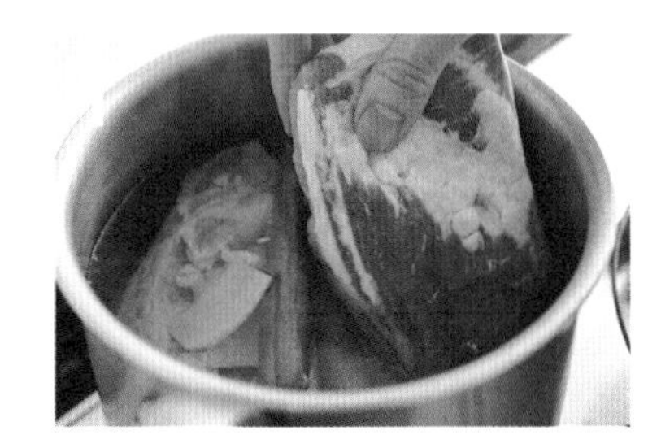

냄비에 물을 가득(분량 외) 넣고, Ⓐ, 돼지고기(지방 부분이 아래를 향하도록)를 넣고 강불로 가열한다.

Point
파, 생강도 같이 끓여서 돼지고기의 누린내를 제거한다.

끓으면 약불로 줄이고 거품을 제거한다. 키친타월을 덮고 1시간~1시간 30분 동안 끓인다. 국물이 졸면 물을 넣는다.

Point
키친타월을 덮으면 돼지고기 표면이 건조해지는 것을 방지할 수 있다.

돼지고기를 꺼내(조림 국물은 따로 남겨 둔다) 먹기 편한 크기로 썬다.

Point
돼지고기는 모양이 흐트러지기 쉬우므로 조심해서 썬다.

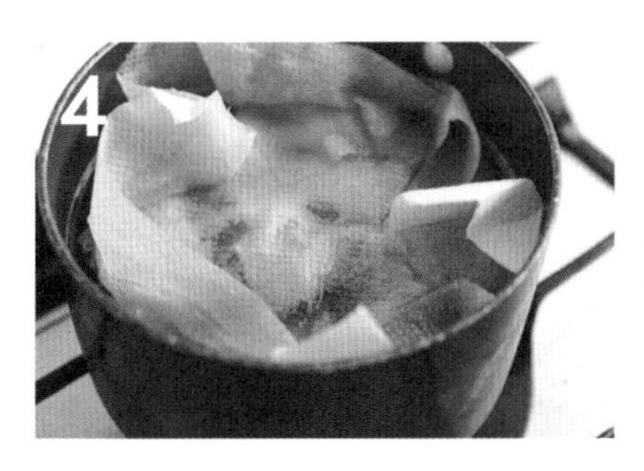

다른 냄비에 돼지고기, Ⓑ를 넣고 강불로 끓인다. 끓으면 약불로 줄이고 키친타월을 덮어서 1시간 정도 더 끓인다.

Point
약불로 끓고 있는 상태를 유지하면서 천천히 조리는 것이 중요하다.

취향에 따라 삶은 달걀을 넣은 후 다시 한 번 키친타월을 덮어 국물이 원하는 농도가 될 때까지 졸인다. 그릇에 담고 파를 올리고 겨자를 곁들인다.

Point
한 번 식히고 나서 먹을 때 다시 가열하면 맛이 더 잘 스며든다.

[얇게 썬 삼겹살]

상식을 부순다

돼지고기 미소 된장국

채소의 수분이 녹아 감칠맛이 가득한 수프로 변신!
약불로 천천히 끓이면 돼지고기가 부드러워진답니다.

재료 4인분

얇게 썬 삼겹살 … 400g
➡ 적당한 길이로 썰기

Ⓐ
미소 된장 … 80g
맛국물(또는 물) … 300mL
소금 … 1작은술

Ⓑ
양파 … 큰 것 3개(900g)
➡ 절반으로 잘라 얇게 썰기
당근 … 1/2개
➡ 부채꼴썰기
파(녹색 부분) … 1개
➡ 어슷썰기
두부 … 1모(350g)
➡ 원하는 크기로 썰기

Ⓒ
술 … 50mL
파(흰색 부분) … 1개
➡ 어슷썰기
간장 … 1큰술

시치미 … 적당량

POINT

- 지방이 많은 삼겹살을 사용하면 조릴 때 지방의 단맛이 녹아 나와 국물에 감칠맛이 더해진다.
- 처음부터 끝까지 너무 끓지 않도록 불을 조절한다. 그러면 돼지고기가 딱딱해지지 않고 다른 재료는 부드러워진다.
- 조릴 때 뚜껑을 덮지 않으면 수분이 증발한다. 꼭 뚜껑을 덮자.

만드는 방법

냄비에 Ⓐ를 넣고 중불로 가열한다. 잘 저으면서 미소 된장을 녹인다.

Point
미소 된장은 덩어리지지 않도록 잘 풀어준다.

돼지고기를 넣고 색이 살짝 바뀔 때까지 끓이고 거품을 제거한다.

Point
돼지고기에 미소 된장이 잘 스며들도록 해서 밑간을 한다.

Ⓑ를 재료란의 순서대로 넣고 뚜껑을 덮은 다음 약불로 30분 정도 끓인다.

Point
양파를 많이 넣되 물은 넣지 않고 끓인다. 양파의 단맛이 진해지면서 감칠맛도 한층 더 좋아진다.

Ⓒ를 넣고 두부 모양이 부서지지 않도록 조심하면서 잘 섞는다. 재료가 원하는 만큼 물러지고 간이 배면 불을 끄고 식힌다. 다시 가열해서 그릇에 담고 시치미를 뿌린다.

Point
한 번 식히고 먹을 때 다시 가열하면 간이 배어 더 맛있다.

[얇게 썬 삼겹살]

포인트는 3개, 쉽게 프로의 맛을 재현한다

무수 돼지고기 채소 조림

돼지고기의 감칠맛과 양파의 단맛이 어우러진 요리!
평범한 돼지고기 채소 조림이 스페셜 플레이트로 변신한답니다.

재료 4인분

얇게 썬 삼겹살 … 400g
➡ 먹기 편한 크기로 썰기
양파 … 1과 1/2개
➡ 폭 1cm의 빗모양으로 썰기
감자 … 3개
➡ 먹기 편한 크기로 썰기
Ⓐ 당근 … 1개
➡ 적당한 크기로 썰기
실곤약 … 180g
➡ 뜨거운 물로 2~3분 삶은 후 차가운 물에 씻어 먹기 편한 크기로 썰기
술 … 90mL
Ⓑ 간장 … 4큰술
설탕 … 2큰술
백설콩 … 적당량
참기름 … 1큰술

POINT

- 돼지고기는 끓여도 쉽게 딱딱해지지 않도록 얇게 썬 돼지 삼겹살을 사용하는 것이 좋다. 지방이 녹아서 감칠맛과 단맛이 진해진다.
- 남작감자를 사용하면 식감이 포슬포슬하고 간이 잘 밴다.
- 폭이 넓은 프라이팬을 사용하면 재료를 섞을 때 몇 번만 저으면 되니까 편하다. 노릇해지면 모양이 잘 부서지지 않는다.
- 술은 냄비 벽에 흘려서 넣는다. 냄비 벽에 눌어붙은 양념이 녹아 흘러 내려가기 때문에 감칠맛이 더 좋아진다.
- 양념의 황금비는 술 3 : 간장 2 : 설탕 1.

만드는 방법

프라이팬에 참기름을 두르고 가열한다. 돼지고기를 넣어 중불로 노릇해질 때까지 굽는다. 양파를 넣고 돼지고기를 양파 위로 올린다.

Point
돼지고기의 감칠맛과 단맛을 양파가 흡수한다.

감자를 넣고 노릇해질 때까지 볶는다. Ⓐ를 넣고 가볍게 섞으면서 Ⓑ를 넣어 전체적으로 다시 섞는다. 뚜껑을 덮고 몇 번 저으면서 약불로 20분 정도 끓인다.

백설콩을 넣고 뚜껑을 덮은 다음 2분 정도 끓인다.

Point
백설콩을 제일 마지막에 넣으면 색감과 식감이 좋다.

[통삼겹살]

본토의 맛을 재현하고 싶다

악마의 루러우판

대만 요리로 인기가 많은 루러우판 레시피의 심플 버전을 소개합니다.
중요한 부분만 잘 따라 하면 본토의 맛을 집에서도 즐길 수 있답니다.

재료 4인분

통삼겹살 ··· 400g
➡ 납작한 직사각형으로 썰기
양파 ··· 1/2개
➡ 다지기
마늘 ··· 2쪽
➡ 다지기
사우싱주 ··· 100mL
Ⓐ | 생강 ··· 1쪽
➡ 얇게 썰기
팔각회향 ··· 1개
물 ··· 200mL
삼온당, 간장, 굴소스 ··· 각 2큰술
삶은 달걀 ··· 4개
따뜻한 밥 ··· 4공기
식용유 ··· 3큰술
청경채 ··· 적절하게
➡ 데쳐서 원하는 크기로 썬다

POINT

- 팔각회향이 싫으신 분은 분량을 절반 정도로 줄인다. 잘게 자르지 말고 덩어리로 사용하면 나중에 덜어낼 때 편하다.
- 냄비 벽을 따라 사우싱주를 넣는다. 냄비 벽에 눌어붙은 돼지고기 덕분에 감칠맛이 더 좋아진다. 술을 넣는 타이밍이 중요하다,
- 삼겹살은 오래 끓이면 끈적해진다. 지방이 많기 때문에 투명해졌거나 식어서 하얗게 굳은 기름은 제거한다.

만드는 방법

냄비에 식용유를 두르고 가열해서 양파를 넣고 중불로 튀기듯 굽는다. 노릇해지면 마늘을 넣고 향이 나올 때까지 볶는다.

Point
맛있는 향이 돌 때까지 튀기듯 굽는 것이 대만식이다. 마늘은 타면 쓴맛이 나므로 나중에 넣는다.

돼지고기를 넣고 노릇해질 때까지 볶는다. 여분의 돼지기름은 닦아낸다.

Point
잘 볶아서 노릇해지면 돼지고기의 감칠맛이 고기 안에 가두어진다.

사우싱주를 넣고 강불로 가열해 알코올이 날아갈 때까지 볶는다.

Point
냄비 바닥을 긁으면서 볶으면 감칠맛이 좋아진다.

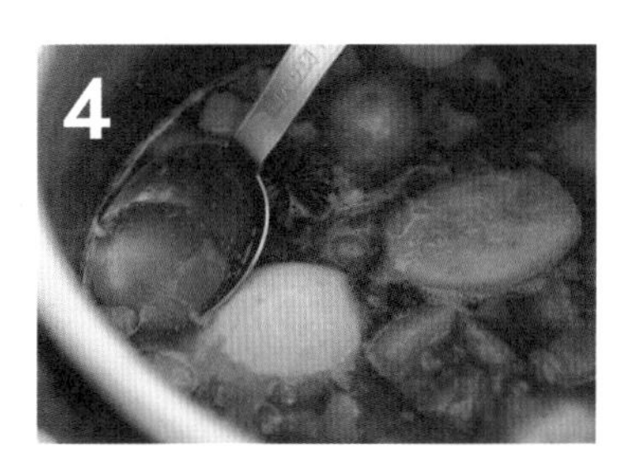

Ⓐ, 삶은 달걀을 넣고 도중에 거품과 여분의 돼지기름을 제거하면서 약불로 40분 정도 끓인다. 그릇에 밥, 돼지고기를 담고 절반으로 썬 삶은 달걀, 취향에 따라 청경채를 곁들인다.

Point
국물이 걸쭉해질 때까지 끓이면 맛이 더 진해진다.

[얇게 썬 삼겹살]

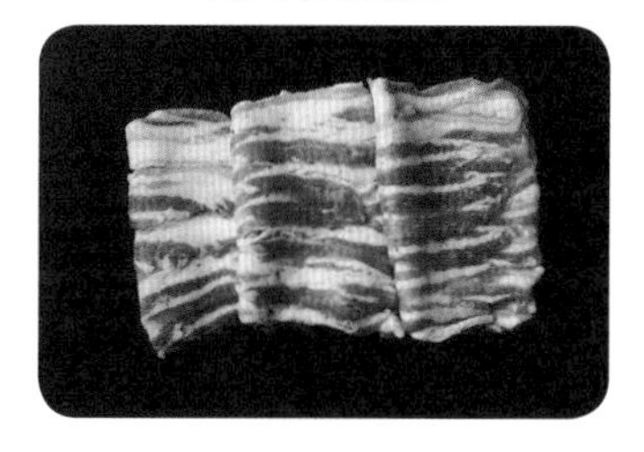

무를 가득 넣어 폭폭 끓이면 깊은 맛과 단맛으로 가득

삼겹살 전골

무의 수분을 아낌없이 사용한 건강 전골.
재료는 심플하지만 맛은 깊어 숟가락을 멈출 수 없습니다.

재료 4인분

얇게 썬 삼겹살 … 400g
➡ 먹기 편한 크기로 썰기
무 … 2/3개
➡ 갈기
물 … 400mL
마늘 … 2쪽
➡ 으깨기
쑥갓 … 1다발
➡ 대와 잎으로 나누고 먹기 편한 크기로 썰기
두부 … 1모(350g)
Ⓐ 간장 … 1큰술
소금 … 2~3작은술

만드는 방법

1 냄비에 무, 물, 마늘, 돼지고기를 넣고 가열한다.

2 끓으면 쑥갓의 대를 넣고 두부를 으깨면서 넣는다. 뚜껑을 덮고 약불로 20분간 끓인다.

3 전체적으로 익었으면 Ⓐ, 쑥갓의 잎을 넣는다.

POINT

- 무의 크기에 따라 소금의 양이 바뀌므로 맛을 보면서 조절한다.

[얇게 썬 삼겹살]

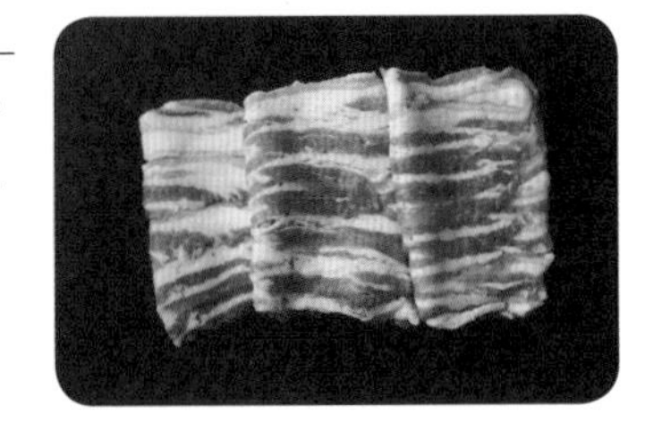

더 맛있게 만드는 프로의 팁

돼지고기 김치 볶음밥

김치 볶음밥은 재료를 넣는 순서가 중요합니다.
수분을 날리면 맛있는 볶음밥이 된답니다.

재료 1인분

얇게 썬 삼겹살 ··· 100g
➡ 먹기 편한 크기로 썰기
소금, 후추 ··· 각 약간
김치 ··· 100g
➡ 먹기 편한 크기로 썰기
달걀 ··· 1개
밥 ··· 고봉밥으로 1그릇
실파 ··· 1개
➡ 잘게 썰기
간장 ··· 2작은술
참기름 ··· 1큰술
참깨 ··· 적절하게
김 ··· 적절하게

POINT

- 단맛과 감칠맛을 모두 가지고 있고 지방도 적절하게 있는 삼겹살을 사용한다. 김치와 궁합도 좋아 아주 맛있는 김치 볶음밥이 된다.
- 김칫국물도 사용한다. 잘 볶아서 수분을 증발시키면 감칠맛이 더 좋아진다.
- 실파 대신 부추를 사용하면 향이 더 좋다.

만드는 방법

1 프라이팬에 참기름을 두르고 돼지고기를 넣는다. 소금과 후추를 뿌리고 중불로 볶는다. 노릇해지면 김치를 넣고 수분이 날아갈 때까지 볶는다.

Point
김치의 수분을 날리면 맛이 연해지는 것을 막을 수 있다.

2 달걀을 깨서 노른자를 터뜨리면서 볶는다. 밥을 넣고 전체적으로 잘 섞으면서 볶는다. 밥 색깔이 붉어지면 실파를 넣는다. 간장을 프라이팬 표면에 직접 두르고 섞는다. 그릇에 담은 후 참깨를 뿌리고 김을 올린다.

Point
덩어리를 깨면서 볶으면 밥이 고슬고슬해진다.

ARRANGE MENU

MELTED CHEESE FRIED RICE

오늘은 치팅데이!

치즈에 빠진 철판 김치 볶음밥

치즈와 볶음밥은 궁합이 아주 좋습니다. 마그마처럼 담은 플레이팅이 포토제닉하지 않나요?

재료 1인분

돼지고기 김치 볶음밥(66쪽 참조) … 1그릇
달걀 … 1개
피자용 치즈 … 200g
식용유 … 1작은술과 2작은술

만드는 방법

1 프라이팬에 식용유 1작은술을 두르고 중불로 가열한다. 프라이팬이 뜨거워지면 달걀을 깨서 넣는다. 흰자가 굳고 노른자를 원하는 만큼 익힌다.

Point
달걀이 탈 것 같으면 약불로 줄인다.

2 다른 프라이팬에 식용유 2작은술을 두르고 중앙에 볶음밥, 그 주변에 치즈를 넣고 볶음밥 위에 **1**의 달걀 프라이를 올린다. 중불로 치즈가 녹을 때까지 가열한다.

Point
치즈가 타지 않도록 섞으면서 가열한다.

[얇게 썬 다리살]

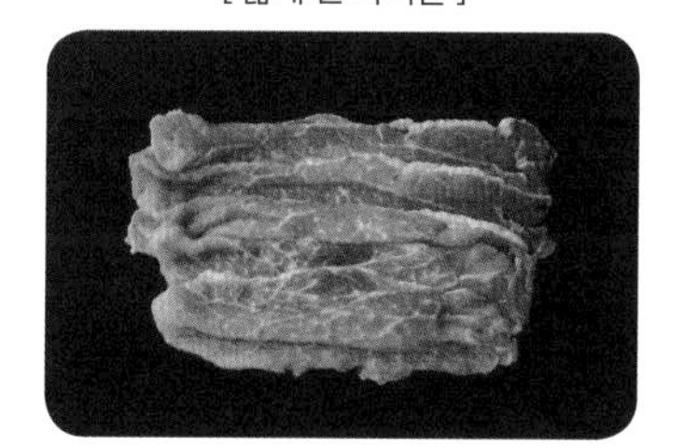

조리 시간 10분!

돼지고기 채소롤

돼지고기는 샤부샤부용을 사용합니다.
채소의 길이를 맞추면 깔끔하게 만들 수 있답니다.

재료 7개분

얇게 썬 다리살(샤부샤부용) … 200g
굵은 흑후추 … 적당량
차조기(또는 깻잎) … 7장
당근 … 1/3개
➡ 채썰기
미나리 … 1다발
➡ 당근과 같은 길이로 썰기
Ⓐ 무 … 3~4cm
➡ 갈기
폰즈 간장 … 3큰술
참깨 … 적당량

만드는 방법

1 돼지고기를 1장씩 펼치고 굵은 흑후추를 뿌린다. 돼지고기의 끝쪽에 차조기 1장, 당근의 1/7, 미나리를 순서대로 올린 후 돼지고기로 채소를 만다. 이것을 7개 만든다.

2 내열 접시에 올리고 랩을 넉넉하게 씌우고 전자레인지에서 5분 정도 가열한다. 그릇에 담은 뒤 섞어 둔 Ⓐ를 뿌린다.

Point
간 무는 가볍게 수분을 짜고 나서 넣으면 싱거워지지 않는다.

POINT

채소의 길이를 맞추면 모양이 깔끔하다.

채소는 길이를 맞추어서 자르면
말기 쉽고 보기에도 좋다.

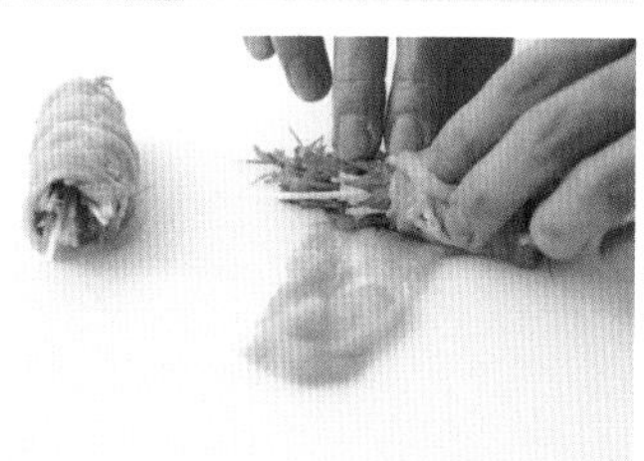

PART 3

정육식당 주인장이 알려주는 고기 요리

닭고기

닭 한마리를 통째로 사용하는 레시피나 뼈가 붙은 부위, 뼈가 없는 부위 등 각 부위에 맞는 레시피를 다양하게 소개합니다.
고기 누린내 없이 맛있게 조리하는 레시피로 닭고기 요리에 도전해보세요.

CHICKEN

정육식당 주인장이 알려주는

이 책에 사용한 닭고기의 부위와 특징

PART OF MEAT

생닭

내장과 머리 등을 제거한 닭고기를 말한다. 파티 요리를 할 때 닭 한마리를 통째로 구워 로스트 치킨으로 조리할 수도 있고 잘라서 사용해도 된다.

a

소고기나 돼지고기보다 지방이 적고 담백해서 다양한 요리에 사용하기 좋습니다.
장시간 가열하면 고기가 딱딱해질 수 있으니까 부위에 맞게 조리법을 선택하세요.

PART OF MEAT

다리살

운동량이 많은 부위라서 힘줄이 많지만 쫄깃한 식감이 특징이다. 지방도 적당히 붙어 있어 소테나 튀김을 하면 육즙도 함께 즐길 수 있다.

PART OF MEAT

가슴살

지방이 적고 누린내도 나지 않아 맛이 산뜻하다. 푹 삶으면 퍽퍽해지므로, 샐러드용으로 사용할 때는 살짝 데쳐서 촉촉한 식감으로 즐긴다.

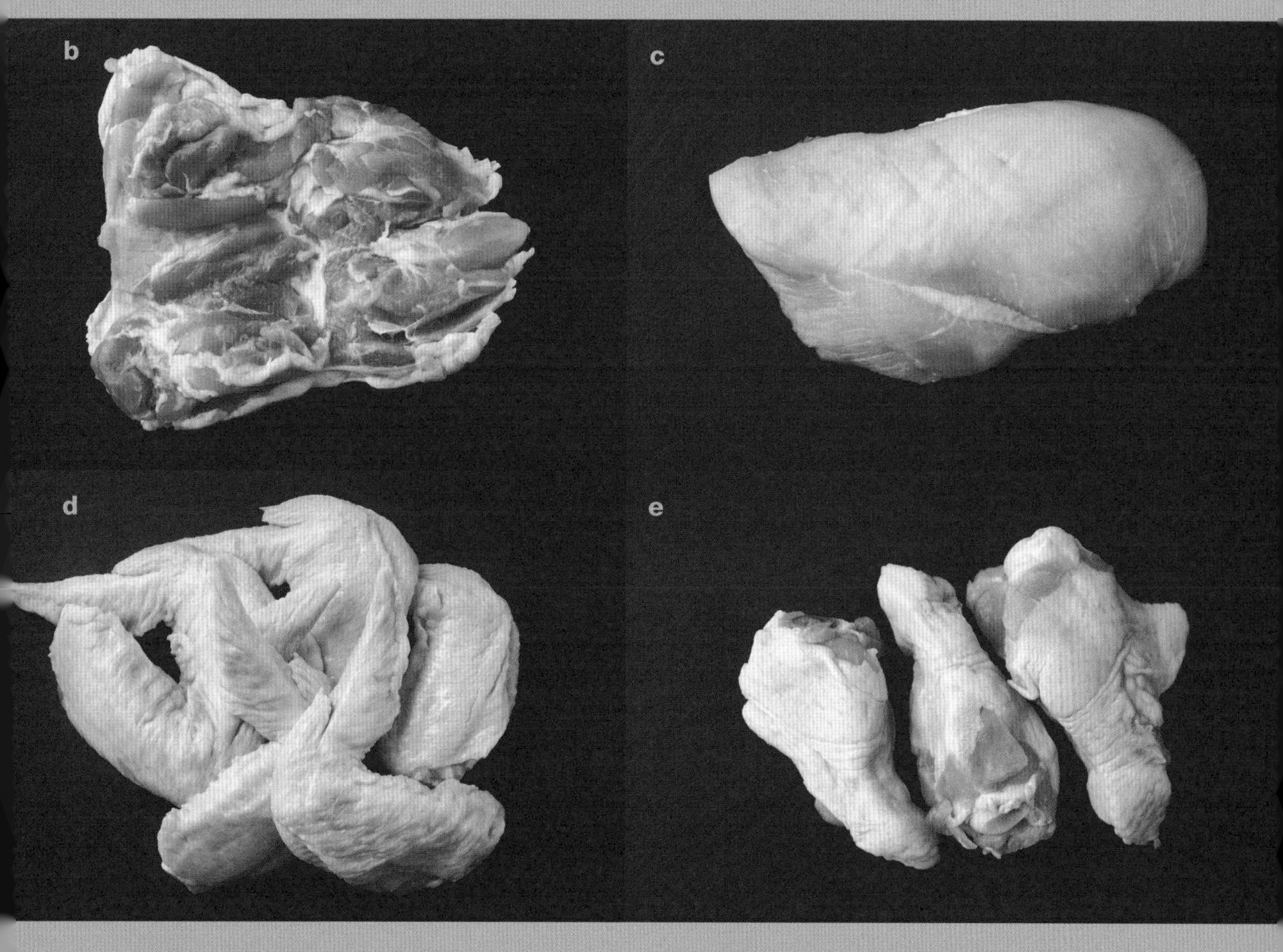

PART OF MEAT

닭날개

닭날개는 닭봉 밑에 붙어 있다. 껍질에는 젤라틴과 지방이 많고 감칠맛도 있다. 튀김 요리에 적합하다.

PART OF MEAT

닭봉

닭봉은 닭날개 위에 달려 있는 부위를 말한다. 운동량이 많아서 지방이 적어 담백하고 부드럽다. 조림 요리를 만들면 식감이 부드러우며, 뼈를 우려내기에 국물도 맛있다.

[닭다리살]

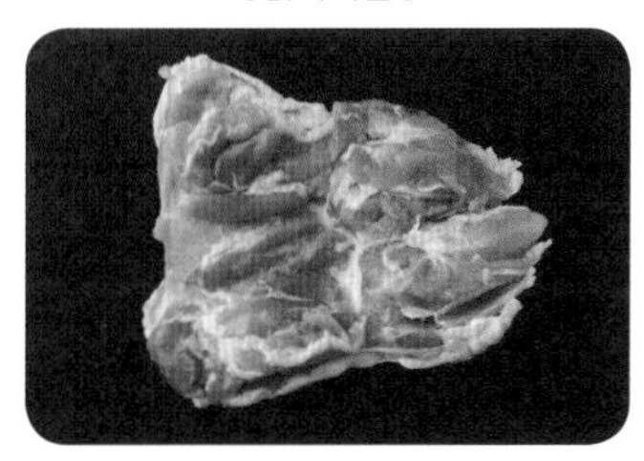

프로는 이렇게 굽는다

기본 치킨 소테(토마토 소스)

닭고기는 상온에 잠시 두어 고기 온도가 상온이 되면 굽습니다.
부드러우면서도 육즙이 가득한 소테를 만들어볼까요?

재료 1인분

닭다리살 … 1개(250g)
소금, 후추 … 각 적당량
마늘 … 1쪽
➡ 다지기
컷 토마토 캔 … 1/2캔(200mL)
올리브오일 … 1큰술
이탈리안 파슬리 … 적당량
➡ 대충 다지기

POINT

- 닭고기는 냉장고에서 꺼내 상온에 잠시 둔다. 고기 온도가 상온이 되었을 때 구우면 살이 줄어들지 않아 딱딱해지지 않는다.
- 닭고기를 프라이팬에 넣은 후 가열하면 눌어붙지 않는다.
- 강불을 사용하지 않고 중불이나 약불로 천천히 익힌다.
- 닭고기의 껍질이 붙어 있는 쪽부터 굽는다. 이때 집게로 꾹꾹 누르면서 구우면 골고루 익는다.
- 뒤집었으면 약불로 천천히 굽는다. 그러면 껍질은 바삭바삭하고 속은 육즙이 가득해진다.

만드는 방법

1 닭고기는 상온에 잠시 두었다가 키친타월로 물기를 닦는다.

Point
닭고기에서 나오는 수분은 누린내의 원인이 되므로 반드시 잘 닦는다.

2 닭고기의 힘줄, 잔뼈, 여분의 껍질 등을 잘라 제거한다.

Point
밑손질을 꼼꼼하게 하면 먹을 때 식감이 좋다.

3 닭고기의 살이 두꺼운 부분에 칼집을 넣고 펼쳐 두께를 고르게 맞춘다. 1cm 간격으로 칼집을 넣은 후 소금과 후추를 뿌린다.

Point
전체적으로 두께를 고르게 하면 균일하게 익는다.

4 프라이팬에 올리브오일을 두르고 닭고기의 껍질을 아래로 해서 넣는다. 중불에서 닭고기를 집게로 누르면서 4분 정도 굽는다.

Point
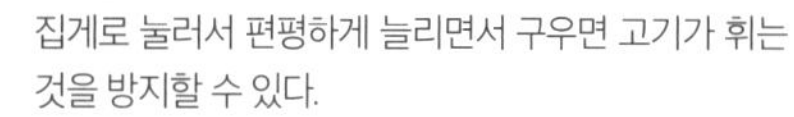
집게로 눌러서 편평하게 늘리면서 구우면 고기가 휘는 것을 방지할 수 있다.

5 프라이팬에 녹아 나온 닭기름을 키친타월로 닦는다. 노릇하게 구워지면 뒤집어서 약불로 5~6분 정도 구워서 그릇에 담는다.

Point
닭기름을 닦으면 닭고기의 누린내를 제거할 수 있다.

6 **5**의 프라이팬에 마늘을 넣고 향이 나면 토마토를 넣는다. 중불에서 5분 정도 섞고 소금과 후추를 넣는다. 닭고기에 두르고 파슬리를 얹는다.

Point
소스는 프라이팬 바닥을 긁으면서 섞었을 때 뭉쳐지는 정도가 딱 좋다(사진 참고).

ARRANGE MENU

[닭다리살]

더 이상의 레시피는 존재하지 않는다

데리야키 치킨

닭고기에 걸쭉한 단짠 소스를 끼얹으며 굽는 것이 비결입니다.
소스가 닭고기에 잘 버무려진 최고의 레시피랍니다.

재료 1인분

닭다리살 … 1개(250g)

Ⓐ
- 술 … 2큰술
- 설탕, 간장, 미림, 맛간장(3배 농축) … 각 1큰술
- 식초 … 1작은술

꽈리고추 … 4개
➡ 칼집 넣기
식용유 … 1큰술
참깨 … 적당량

만드는 방법

1 닭고기는 상온에 잠시 둔다. 고기 자체 온도가 상온이 되면 키친타월로 물기를 닦는다.

2 닭고기의 힘줄, 잔뼈, 여분의 껍질을 제거한다. 닭고기의 살이 두꺼운 부분에 칼집을 넣어 펼쳐 두께를 고르게 한다. 1cm 간격으로 칼집을 다시 넣는다.

3 프라이팬에 식용유를 두르고 닭고기의 껍질을 아래로 해서 놓는다. 중불로 가열한다. 집게로 닭고기를 누르면서 4분 정도 굽는다.

4 프라이팬 안에 녹아 나온 닭기름은 키친타월로 닦아낸다. 껍질이 노릇하게 구워지면 뒤집어서 약불로 5~6분 정도 굽는다. Ⓐ, 꽈리고추를 넣는다. **닭고기에 소스를 끼얹으며 걸쭉해질 때까지 굽는다(a).**

5 닭고기가 속까지 익으면 그릇에 담는다. 프라이팬에 남아 있는 소스를 두르고 꽈리고추를 곁들인 후 참깨를 뿌린다.

POINT

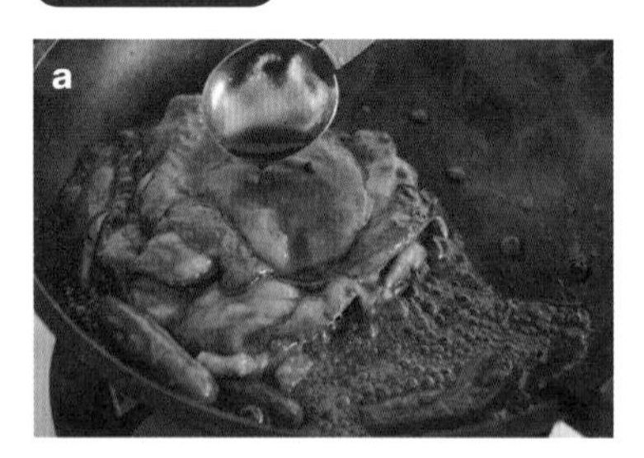

닭고기에 소스를 끼얹으며 구워야 간이 잘 밴다

닭고기에 숟가락으로 소스를 끼얹으며 구우면 전체적으로 소스가 잘 묻고 간이 잘 밴다.

ARRANGE MENU

[닭다리살]

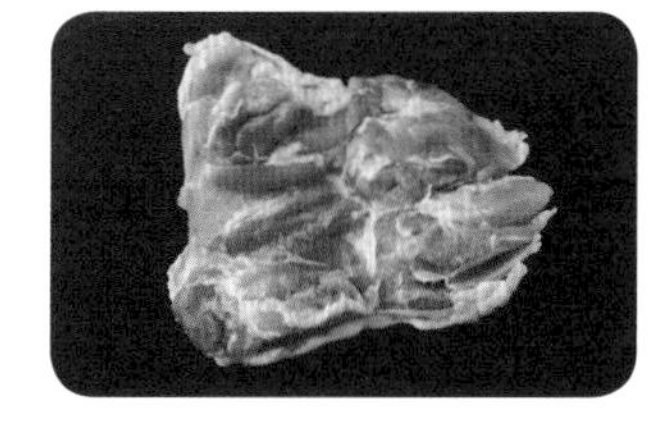

허브와 마늘의 감칠맛이 폭발

허브 치킨

CHICKEN SAUTE herbs

허브로 닭고기를 버무립니다.
마늘 향이 식욕을 자극하는 요리입니다.

재료 1인분

닭다리살 … 1개(250g)

Ⓐ 마늘 … 1쪽
➡ 다지기
바질 … 6g
➡ 다지기
이탈리안 파슬리 … 5g
➡ 다지기
올리브오일 … 2작은술

소금 … 1/2작은술
감자 … 1개
➡ 껍질째 폭 1cm로 통썰기
올리브오일 … 1큰술

만드는 방법

1 닭고기는 상온에서 잠시 둔다. 키친타월로 물기를 닦는다.

2 닭고기의 힘줄, 잔뼈, 여분의 껍질을 제거한다. 닭고기의 살이 두꺼운 부분에 칼집을 넣어 펼쳐 전체적으로 두께를 고르게 맞춘다. 1cm 간격으로 칼집을 다시 넣고 소금을 뿌린다. Ⓐ는 섞어 둔다.

3 프라이팬에 올리브오일을 두르고 닭고기는 껍질을 아래로 해서 놓는다. 약한 중불에서 집게로 닭고기를 누르며 4분 정도 굽는다.

4 프라이팬의 빈 곳에 감자를 넣는다. 노릇하게 구워지면 닭고기, 감자를 뒤집는다. 프라이팬 안에 녹아 나온 닭기름을 키친타월로 닦는다.

5 약불로 5~6분 정도 굽는다. Ⓐ를 넣고(a) 가볍게 볶는다. 향이 나면 닭고기, 감자에 잘 버무린다. 그릇에 담고 취향에 따라 굵은 흑후추, 발사믹 식초를 뿌린다.

POINT

향이 나면 익었다는 증거

마늘, 허브를 넣고 가열하다가 향이 나기 시작하면 전체적으로 익었다는 의미다.

[닭다리살]

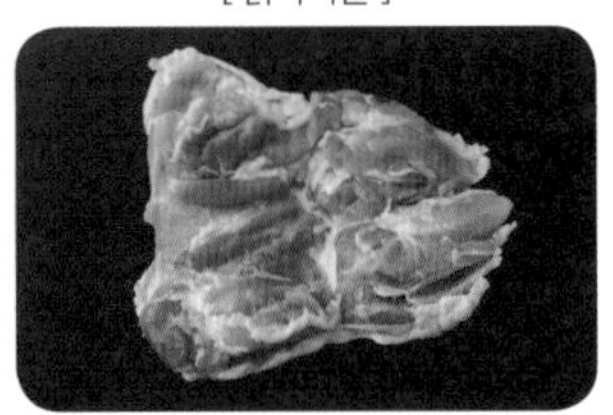

정육식당의 가라아게를 집에서 해보세요

영계 가라아게

요령만 알면 육즙이 풍부하면서도 부드러운
궁극의 가라아게를 집에서 맛볼 수 있습니다!

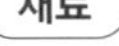

재료 2인분

닭다리살 … 1개(300g)
소금, 후추 … 각 약간
Ⓐ 간장 … 2~3큰술
간 생강, 술, 참기름 … 각 1작은술
간 마늘 … 1/2작은술
녹말가루 … 적당량
식용유 … 1L

만드는 방법

1 닭고기의 힘줄, 잔뼈, 여분의 껍질을 제거한다. 먹기 편한 크기로 자르고 소금과 후추를 뿌린다.

2 볼에 Ⓐ를 넣고 잘 섞는다. 여기에 닭고기를 넣어 주물러서 버무린 후 냉장고에서 반나절에서 하룻밤 정도 재운다.

3 닭고기를 냉장고에서 꺼내 닭고기 온도가 상온이 될 때까지 잠시 둔다. 녹말가루를 얇게 골고루 입히고 모양을 만든다(a).

4 냄비에 식용유를 넣고 150℃로 가열한 후 닭고기를 넣어 1분 30초 정도 튀긴다. 꺼내서 4분 정도 그대로 둔다.

5 식용유를 170℃로 가열한 후 닭고기를 넣어 1분 정도 튀긴다(b).

POINT

a

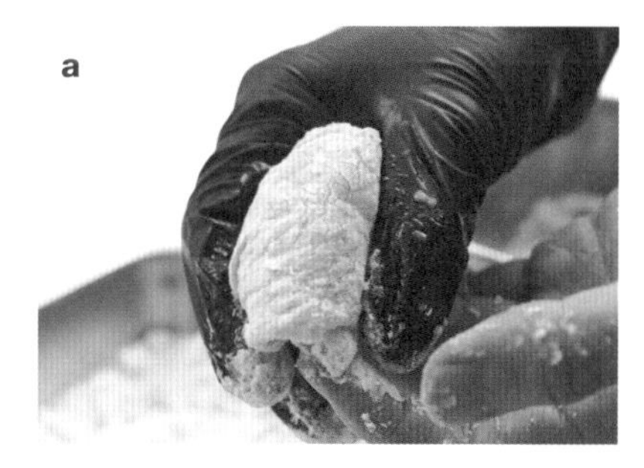

닭고기는 껍질을 겉으로 해 동그랗게

닭고기에 녹말가루를 입힌 후 껍질이 바깥쪽을 향하게 해서 동그랗게 튀기면 겉은 바삭하고 속은 육즙이 가득한 가라아게가 된다.

b

두 번 튀기면 부드러워진다

닭고기는 저온에서 튀긴 후 잠시 꺼내서 둔다. 그러면 남은 열로 속까지 자연스럽게 익는다. 그 후에 고온에서 다시 한번 튀기면 튀기는 시간도 짧아지고 속살이 부드러워진다.

ARRANGE MENU

레몬으로 상큼하게 맛보는

영계 레몬 무침

기본 가라아게의 응용 버전입니다.
'상큼한 맛'이 핵심!

재료 2인분

가라아게(왼쪽 페이지 참고) ··· 200g
Ⓐ | 설탕, 미림 ··· 각 1/2큰술
Ⓑ | 간장 ··· 1큰술
레몬 ··· 1/4개
➡ 즙을 짠 후 부채꼴썰기
이탈리안 파슬리 ··· 적당량
➡ 굵게 다지기

만드는 방법

1 냄비에 Ⓐ를 넣고 아주 약한 불로 끓인다. 끓으면 불을 끈다.

2 **1**에 Ⓑ, 가라아게를 넣고 잘 섞는다. 그릇에 담고 파슬리를 뿌린다.

[닭다리살]

먹고 또 먹고 자꾸만 먹고 싶어진다

튀기지 않는 양념치킨

국민 간식 '양념치킨'을 집에서 만들어봅시다.
여분의 지방을 제거하면 지방이 쏙 빠져서 담백한 양념치킨이 됩니다.

재료 2인분

닭다리살 … 1개(300g)
➡ 먹기 편한 크기로 썰기
소금, 후추 … 각 적당량
녹말가루 … 적당량
Ⓐ 고추장, 토마토케첩, 꿀 … 각 1큰술
설탕, 간장 … 각 1/2큰술
간 마늘 … 1작은술
고춧가루, 참기름 … 각 1작은술
식용유 … 3큰술
양상추 … 적당량
➡ 손으로 찢기, 크기는 취향에 따라
참깨 … 적당량
실고추 … 적당량

만드는 방법

1 닭고기에 소금과 후추를 뿌리고 녹말가루를 골고루 입힌다.

2 프라이팬에 식용유를 두르고 닭고기를 넣어 중불로 노릇하게 될 때까지 양면을 굽는다. **녹아 나온 닭기름은 키친타월로 닦아낸다(a).** 프라이팬에서 닭을 꺼내서 키친타월 위에 올려 기름을 뺀다.

3 **2**의 프라이팬에 섞어둔 Ⓐ를 넣고 가볍게 가열한 다음 닭고기를 넣고 잘 버무린다.

4 양상추를 깐 그릇에 담고 참깨를 뿌리고 실고추를 올린다.

POINT

뒤집으면 기름이 튀기 때문에 닭기름은 닦아낸다

녹아 나온 닭기름을 잘 닦아내면 닭고기를 뒤집었을 때 기름이 튀지 않는다.

[닭날개]

술안주로 최고

매콤한 닭날개 가라아게

FRIED CHICKEN WINGS

약불로 은근히 가열하면 타지 않습니다.
식탁에 낼 때 참깨와 파래 가루를 살짝 올리면 먹음직스럽답니다.

재료 2인분

닭날개 … 6개
녹말가루 … 적당량
Ⓐ | 간장 … 50mL
  | 설탕 … 50g
  | 간 마늘 … 약간
식용유 … 적당량
참깨, 파래 가루 … 각 적당량

만드는 방법

1. 닭날개에 녹말가루를 골고루 입힌다.
2. 프라이팬 바닥에서 3cm 정도 식용유를 넣고 160~170℃로 가열한다. 닭날개를 넣고 6~7분 정도 튀긴다.
3. 다른 프라이팬에 Ⓐ를 넣고 중불로 가열한다. 끓으면 약불에서 3분 정도 더 끓인다.
4. **뜨거울 때 닭날개를 3에 넣고 걸쭉해질 때까지 잘 버무린다**(a). 그릇에 담고 참깨와 파래 가루를 뿌린다.

POINT

약불을 유지한다

소스가 너무 끓으면 타서 쓴맛이 나므로 약불로 은근하게 끓인다.

[닭다리살]

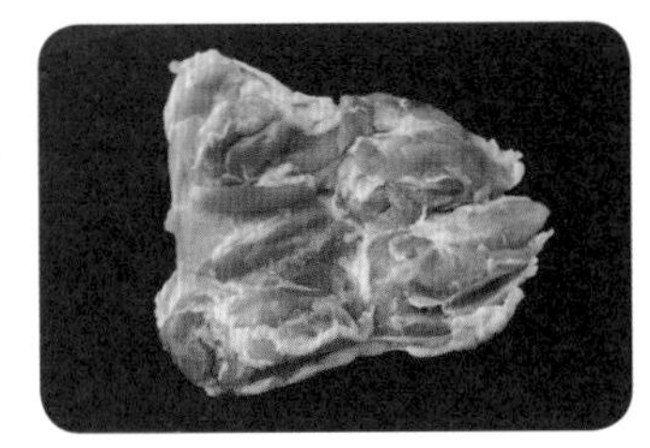

단 2개의 향신료로 만든다!

진짜 레몬 치킨 카레

향신료로 카레를 만들고 싶은 분에게 강추!
자신의 입맛에 맞춘 맵기로 쉽게 만들 수 있는 카레입니다.

재료 4인분

닭다리살 … 2개(500g)
➡ 먹기 편한 크기로 썰기
소금, 후추 … 각 적당량
Ⓐ 커민 씨 … 1작은술
마른 붉은고추 … 1개
마늘 … 2쪽
➡ 다지기
간 생강 … 1큰술
양파 … 1개
➡ 다지기
토마토 … 1개
➡ 잘게 썰기
Ⓑ 고수 가루 … 2작은술
소금 … 1작은술
물 … 500mL
감자 … 1개
➡ 껍질째 반달썰기
꿀 … 1큰술
레몬 … 1개
➡ 얇게 썰기
식용유 … 2큰술
이탈리안 파슬리 … 적절하게
➡ 다지기

POINT

- 향신료와 향채소는 볶아서 향을 더욱 진하게 만든다.
- 토마토나 냄비에 추가한 물을 제대로 졸이면 맛이 깊어진다.

만드는 방법

1 닭고기에 소금과 후추를 뿌리고 가볍게 주물러서 둔다. 냄비에 식용유, Ⓐ를 넣고 약불에서 향이 날 때까지 볶는다.

Point
타지 않게 볶아야 향이 좋다.

2 양파를 넣고 강불로 진한 캐러멜색이 될 때까지 10분 정도 볶는다. 도중에 수분이 없어지면 물(분량 외)을 넣는다.

Point
양파는 노릇하게 강불로 볶으면 장시간 볶았을 때 나는 맛을 낼 수 있다.

3 토마토를 넣고 수분이 사라질 때까지 으깨면서 볶는다.

Point
토마토는 수분이 사라질 때까지 볶으면 단맛이 난다.

4 불을 끄고 Ⓑ를 넣어서 잘 섞는다. 닭고기, 물을 넣고 강불에서 끓인다. 끓으면 약불로 줄여서 20분 정도 더 끓인다.

Point
도중에 섞으면서 끓고 있는 상태가 되도록 불 세기를 유지한다.

5 감자, 꿀, 레몬을 넣고 약불로 20분 정도 더 끓인다. 취향에 따라 파슬리를 넣는다.

Point
싱거우면 소금을, 매우면 꿀을 넣어서 맛을 조절한다. 하룻밤 재우면 맛이 더 깊어지고 감칠맛이 더 좋아진다.

[닭다리살]

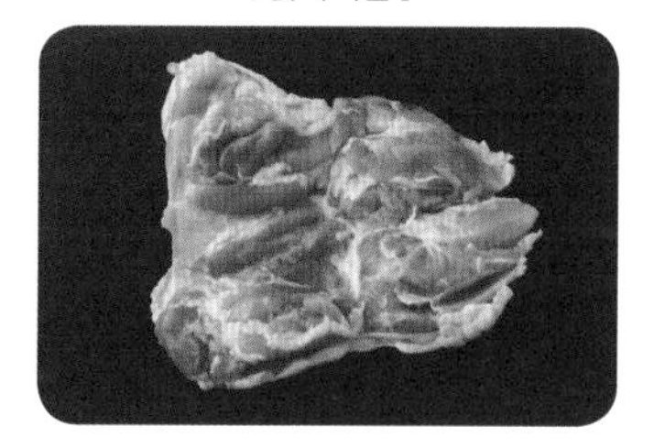

부드러우면서도 쫄깃하다

닭고기 덮밥

닭고기 껍질을 구우면 고소함이 더 강조됩니다.
부드러운 달걀과 쫄깃한 닭고기의 콜라보를 즐겨보세요.

재료 2인분

닭다리살 … **1개(250g)**

Ⓐ 양파 … 1/2개
➡ 폭 1cm의 반달썰기
맛국물 … 80mL
미림 … 4큰술
간장 … 2큰술

푼 달걀 … 4개
따뜻한 밥 … 2공기
식용유 … 1큰술
파드득 나물 … 적당량
➡ 줄기에서 2cm 폭으로 썰기

POINT

- 닭고기 껍질을 구우면 감칠맛이 빠져나가는 것을 막고 고소함이 더해진다. 껍질의 식감을 싫어하시는 분께도 추천한다.
- 푼 달걀을 2번에 나누어서 넣으면 부드러운 식감을 즐길 수 있다.

만드는 방법

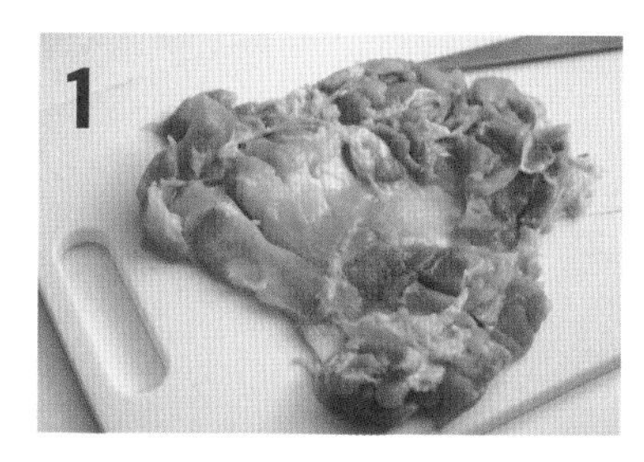

닭고기의 살이 두꺼운 부분에 칼집을 넣어 펼쳐 두께를 고르게 한다. 그 후 1cm 간격으로 칼집을 다시 넣는다.

Point
닭고기에 칼집을 넣으면 속까지 익기 쉽고 간이 잘 밴다.

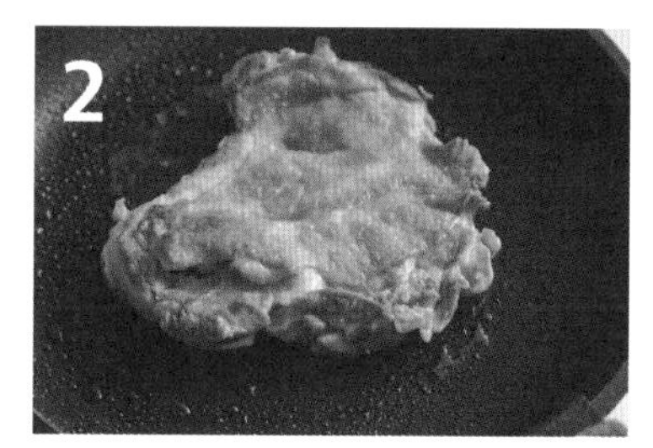

프라이팬에 식용유를 두른 후 껍질을 아래로 해서 닭고기를 넣는다. 강불로 노릇해질 때까지 양면을 굽는다. 먹기 편한 크기로 썬다.

Point
강불로 익히는 것은 감칠맛이 빠져나가는 것을 막기 위해서다. 속까지 익지 않아도 괜찮다.

냄비에 Ⓐ를 넣고 중불로 가열한다. 양파가 숨이 죽을 때까지 1~2분 가열한다. 닭고기를 넣어 약불로 3분 정도 끓인다.

Point
닭고기에 간이 밸 때까지 끓인다.

푼 달걀의 절반 정도를 넣고 전체적으로 가볍게 섞는다. 남은 푼 달걀을 넣고 뚜껑을 덮은 다음 약불로 1분 정도 끓인다. 따뜻한 밥 위에 얹고 파드득 나물을 올린다. 취향에 따라 시치미 등을 뿌려도 된다.

[닭가슴살]

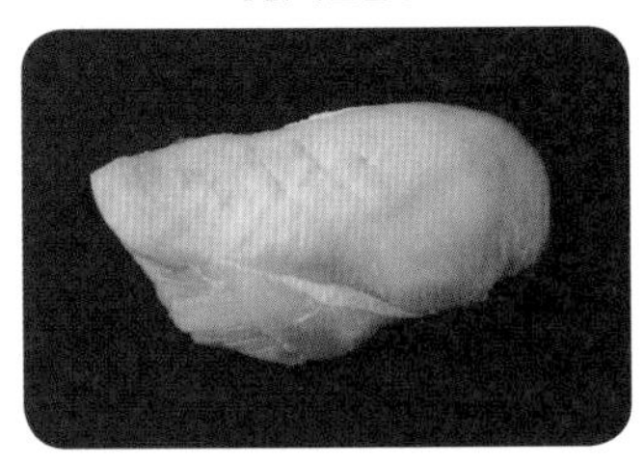

영구보존! 부드럽고 촉촉한

치킨 샐러드

퍽퍽해지기 쉬운 가슴살이지만 절묘한 불 조절로 부드럽고 촉촉하게!
누구나 쉽게 만들 수 있다!

재료 1~2인분

닭가슴살 … 1개(300~400g)

Ⓐ 설탕 … 1/2큰술
소금 … 1작은술

Ⓑ 레몬즙 … 1큰술
과립 치킨 스톡 … 1/2큰술

물 … 1L
당근 라페(130쪽 참고) … 적당량
굵은 흑후추 … 적당량
올리브오일 … 적당량

POINT

- 닭고기는 상온에 잠시 두어 닭고기 자체 온도를 상온으로 올리면 속까지 익히기 쉽다. 지나치게 익히지 않기 때문에 쉽게 딱딱해지지 않는다(여름에는 30분, 겨울에는 1시간 정도 상온에 둔다).
- 닭고기를 가열할 때는 물을 충분히 넣는다. 온도가 잘 내려가지 않아 온도 관리가 쉽다.
- 레몬즙을 넣으면 보수성이 유지된다. 닭고기의 수분이 빠지는 걸 막을 수 있어 식감이 촉촉해진다.

만드는 방법

닭고기는 상온에 잠시 둔다. 닭고기 온도가 상온이 되면 포크로 양면에 몇 군데 구멍을 뚫는다. Ⓐ를 뿌리고 조물조물 주물러준다.

Point
닭고기에 포크로 구멍을 뚫어 조직을 끊으면 고기가 부드러워지고 간이 잘 밴다.

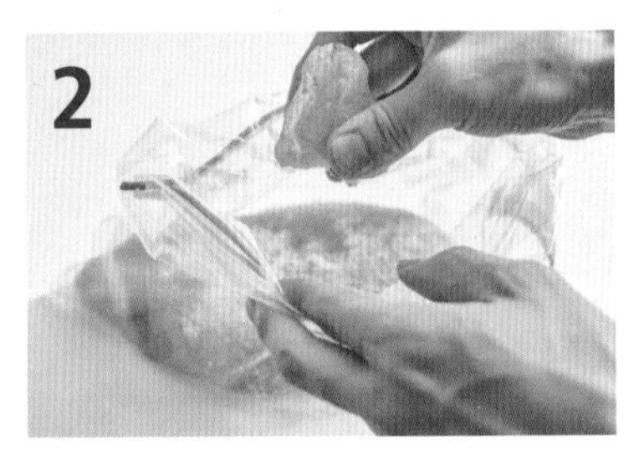

내열성 보관팩에 닭고기, Ⓑ를 넣고 잘 주무른다. 공기를 빼서 밀폐한 다음 냉장고에 하룻밤 재운다.

Point
냉장고에서 하룻밤 두면 속까지 간이 잘 밴다.

닭고기를 상온에 잠시 두어서 고기 온도가 상온이 될 때까지 기다린다. 냄비에 물을 넣고 가열해 끓으면 불을 끈다. 닭고기를 보관팩에 넣은 채 냄비에 넣고 뚜껑을 덮어 1시간 정도 둔다. 냄비에서 꺼내 식힌 후 냉장고에 넣어 다시 한번 식힌다. 얇게 썰어 그릇에 담고 당근 라페를 곁들인다. 닭고기에 굵은 흑후추를 뿌린 후 올리브오일을 두른다.

[닭봉]

조미료는 소금만! 감칠맛이 농축된

무수 포토푀

콩소메나 치킨 스톡은 사용하지 않고 조미료는 소금만!
닭고기나 채소 본래의 맛이 스며 나와 따뜻해집니다.

재료 3~4인분

닭봉 … 6개

Ⓐ 양파 … 2개
 ➡ 4등분 반달썰기
 당근 … 1개
 ➡ 절반 길이로 자르고 세로로 4등분하기
 양배추 … 1/4개
 ➡ 반으로 자르기

소금 … 1작은술
비엔나 소시지 … 10개
올리브오일 … 2큰술

POINT

- 무수라서 걱정이 될 때는 냄비 바닥을 확인하며 저어서 섞거나 요리술(100mL)을 넣어도 된다.
- 약불로 끓이면 채소에서 수분이 가득 나와 눌어붙지 않고 끓일 수 있다.
- 좋아하는 채소를 사용해도 되지만 양파는 수분이나 단맛, 감칠맛을 풍부하게 함유하고 있어서 반드시 넣는 것이 좋다. 냄비의 절반 이상을 채소로 채우는 것을 추천한다.

만드는 방법

닭봉에 소금(분량 외)을 뿌리고 조물조물 주무른다. 냄비에 닭봉, 올리브오일을 넣고 중불에서 전체가 노릇하게 구워질 때까지 구운 후에 꺼낸다.

Point
닭봉을 먼저 구우면 고소함이 더해져 더욱 맛있어진다.

1의 냄비에 Ⓐ 재료란의 순서대로 넣고 소금을 뿌린다.

Point
채소에 소금을 뿌리면 삼투압 때문에 채소에서 수분이 잘 나온다.

비엔나 소시지, 닭봉을 넣고 뚜껑을 덮는다. 중불로 가열해 증기가 나오기 시작하면 약불로 줄여 40분 정도 끓인다.

Point
한 번 식히고 나서 먹을 때 다시 한번 가열하면 간이 잘 스며든다.

[닭봉]

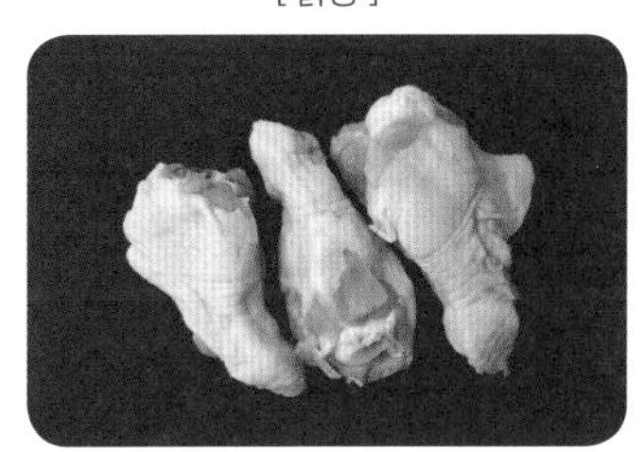

감탄사가 절로 나오는

진한 치킨 스튜

스튜의 진한 맛 덕분에 더 이상 시판 루로는 만족할 수 없어집니다.
단호박을 넣어 단맛을 더욱 강조!

재료 4인분

닭봉 … 800g

Ⓐ 양송이버섯 … 20개
 ➡ 4등분하기
 마늘 … 2쪽
 ➡ 으깨기

화이트와인 … 200mL
생크림 … 600mL
월계수 … 1장
단호박 … 200g
 ➡ 씨와 껍질을 제거한 후 먹기 편한 크기로 썰기
우유 … 100~200mL
소금 … 1작은술
후추 … 적당량
올리브오일 … 3큰술
버터 … 20g

POINT

- 식재료를 노릇노릇하게 구우면 깜짝 놀랄 정도로 감칠맛과 깊은 맛이 나온다.
- 생크림을 충분히 사용하면 시판 루보다 더 진한 맛이 난다.
- 식재료의 맛을 살린 심플한 요리라서 닭고기의 누린내와 거품을 꼼꼼하게 제거하는 것이 중요하다.
- 소금의 양은 식재료와 우유의 양에 따라 바뀌므로 마지막에 간을 보며 조절한다.

만드는 방법

프라이팬에 올리브오일을 두르고 닭봉을 넣는다. 강불로 전체가 노릇해질 때까지 구운 후 냄비로 옮긴다.

Point
누린내를 제거하기 위해 굽는 것이라 속까지 익지 않아도 괜찮다.

1의 프라이팬에 여분의 닭기름을 제거하고 버터를 넣어 녹인다. 녹으면 Ⓐ를 넣고 중불에서 3분 정도 볶는다.

Point
버터나 마늘의 향, 닭봉의 지방을 양송이버섯이 모두 흡수시키는 것이 감칠맛을 최대로 끌어올리는 포인트다.

화이트와인을 넣고 강불로 가열해 절반으로 졸 때까지 끓인다.

Point
냄비에 눌어붙어 있는 것을 떼어내면서 끓이면 감칠맛이 진해진다.

1의 냄비에 **3**, 생크림을 넣고 끓인다. 끓으면 월계수를 넣는다. 거품을 제거하고 단호박을 넣고 약불로 20~30분 정도 끓인다. 소금, 후추로 간을 조절한다.

Point
도중에 수분이 졸면 우유를 넣어 식재료가 잠겨 있는 상태를 유지한다.

[생닭]

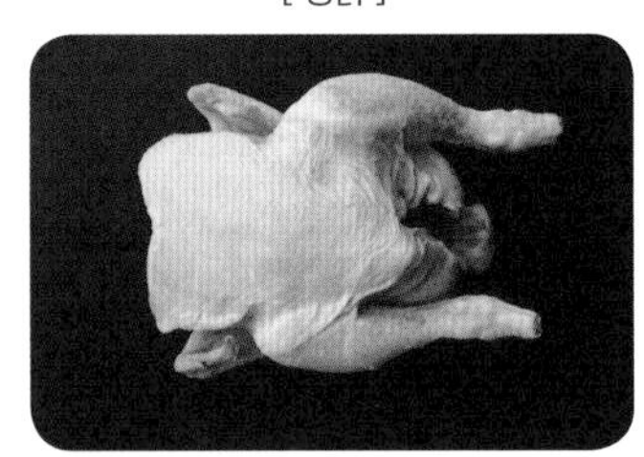

사실은… 알려주기 싫은, 집에서 만드는

닭 한마리 로스트 치킨

밑손질한 닭을 사용하면 편합니다.
파티나 크리스마스에 만들면 모두가 기뻐할 거예요.

재료 2~4인분

생닭(밑손질 완료) … 1마리(1.2kg)
소금 … 1큰술
후추 … 적당량
Ⓐ 간장 … 50mL
홀그레인 머스터드 … 1작은술
간 마늘 … 1/2큰술
꿀 … 2와 1/2큰술
로즈메리 … 2개
올리브오일 … 적당량
좋아하는 채소(사진은 방울 토마토, 양파, 마늘) … 적당량

POINT

- 해동한 생닭이라면 핑크색 물이 나오는 경우가 많다. 그 물기를 깨끗하게 닦아야 냄새가 제거되고 맛도 좋아진다.
- 생닭은 상온에 두어 고기 자체 온도를 상온으로 올려야 속까지 잘 익는다. 이 점에 주의한다.
- 구웠을 때 나오는 육즙이나 남은 양념을 끼얹으면 윤기가 난다. 또 육즙과 국물이 만나면 맛있는 소스가 되므로 끼얹으면서 먹는다.
- 굽는 시간은 참고 시간이다. 오븐이나 닭의 크기에 따라 시간을 조절한다.

[당일에 해야 할 일]

- **1**에서 생닭 전체에 포크로 구멍을 내면 맛이 더 잘 스며든다.
- 보관팩에 넣어 2~3시간 정도 재운다. 자주 뒤집으면서 주물러서 소스를 골고루 묻힌다.
- 구울 때는 남은 양념을 2~3번 나누어서 모두 사용한다.

만드는 방법

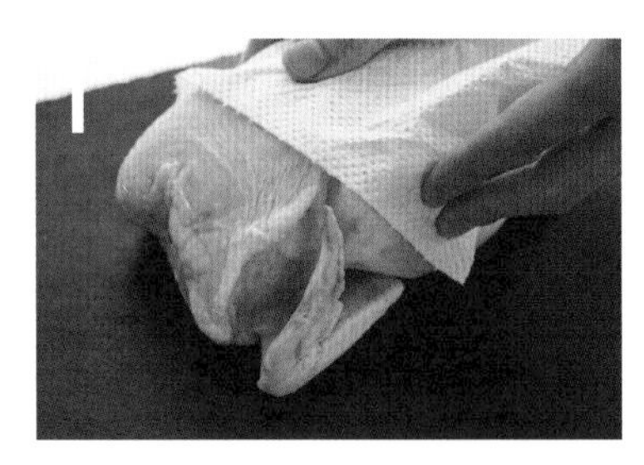

생닭은 키친타월로 물기를 닦고 소금과 후추를 뿌려서 전체적으로 잘 주무른다.

Point
생닭의 물기를 닦아야 냄새가 나지 않고 감칠맛이 빠지는 걸 막을 수 있다.

생닭을 지퍼가 달린 보관팩에 넣고 섞어 둔 Ⓐ를 넣어서 잘 스며들게 한다. 공기를 빼고 밀폐한 후 냉장고에서 1~2일 재운다.

Point
물에 담가서 공기를 빼면 수압으로 확실하게 밀폐된다. 밀폐하면 상처도 덜 생기고 맛도 더 잘 스며든다.

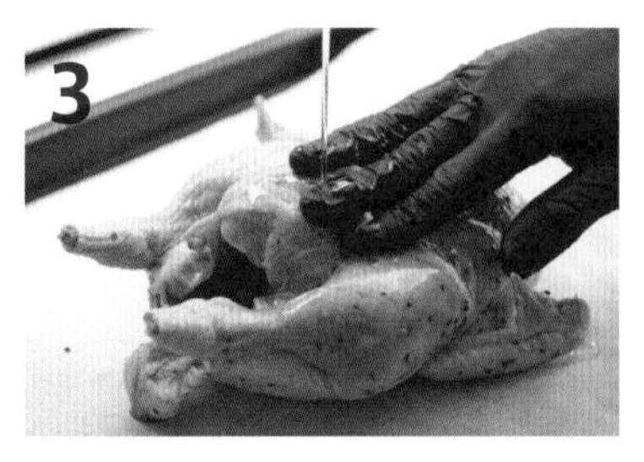

생닭은 굽기 1시간 전에 냉장고에서 꺼내 상온에서 잠시 둔다(함께 넣은 양념은 남겨 둔다). 오븐 시트를 깐 오븐판에 올리고 올리브오일을 골고루 바른다.

생닭 주위에 좋아하는 채소를 두고 타기 쉬운 닭의 날개와 다리는 알루미늄 포일로 만다. 180℃로 예열한 오븐에서 40~60분 정도 굽는다. 도중에 육즙이나 남은 양념을 뿌리고 노릇하게 굽는다.

Point
생닭에서 나온 육즙이나 남은 양념을 뿌리면서 구우면 껍질이 바삭해진다.

PART 4

정육식당 주인장이 알려주는 고기 요리

다진 고기

본격적인 다진 고기 요리를 일본요리나 서양요리, 중국 요리 등 그날의 기분에 따라 만들어보세요. 또한 판세타(pancetta) 카르보나라를 소개합니다. 진한 파스타의 맛을 꼭 느껴보세요.

정육식당 주인장이 알려주는

이 책에 사용한 다진 고기와 내장 기타 부위의 특징

다진 고기

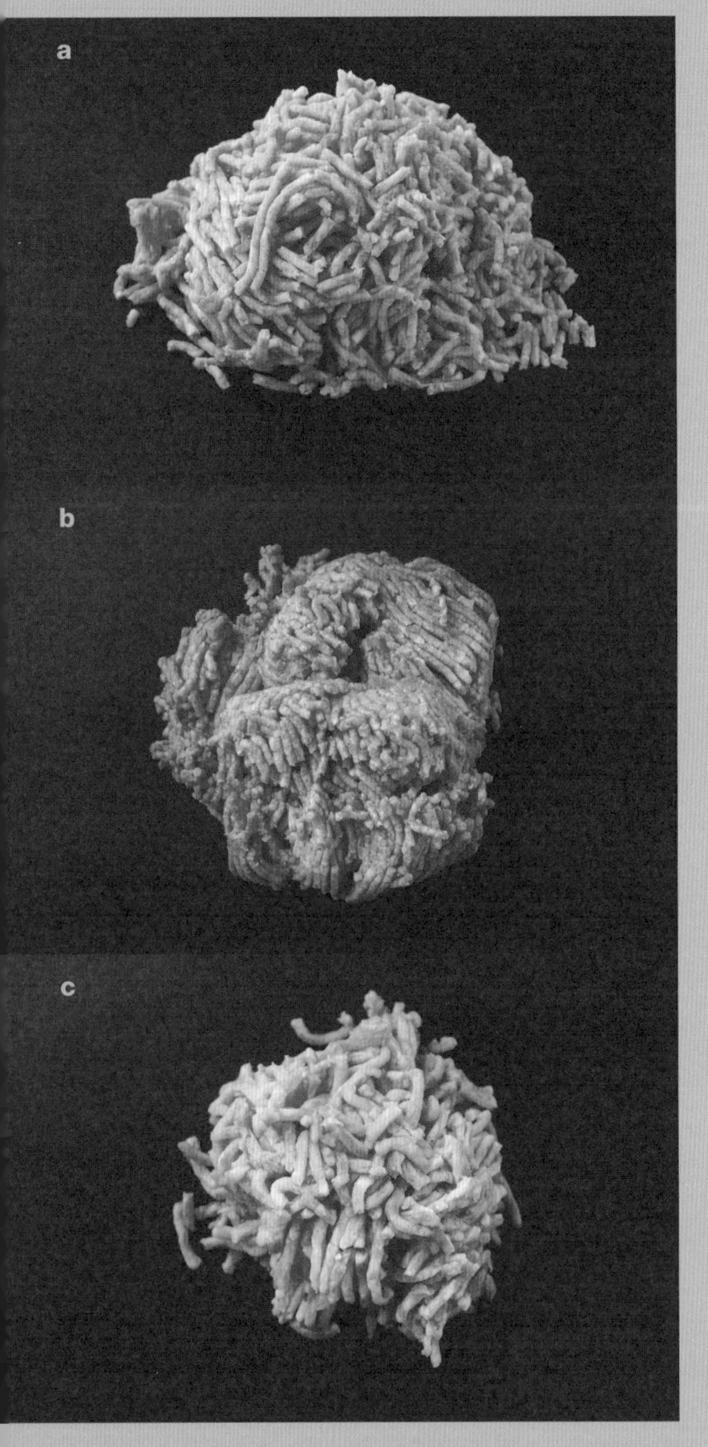

PART OF MEAT

다진 소고기·돼지고기

소고기와 돼지고기를 함께 다진 것. 각각의 단맛과 감칠맛이 잘 섞여서 맛이 깊어진다. 햄버거나 고기를 채우는 요리에 추천.

PART OF MEAT

다진 소고기

다리나 가슴 부위 고기 등을 섞어서 다진 것. 민스 미트 커틀릿이나 햄버거를 만들면 소고기의 향이 감돈다.

PART OF MEAT

다진 돼지고기

삼겹살과 사태 등을 섞어서 다진 것. 지방이 많아 부드러워서 중국요리나 서양요리에 잘 맞는다.

MEMO

다진 고기는 정육점에 가서 사자!

다진 고기는 어떤 고기를 사용하는지 판별하기 어렵다. 좋은 고기를 취급하는 정육점에 가서 사는 것이 가장 좋다.

다진 고기는 살과 지방의 비율에 따라 감칠맛이 달라지기 때문에 용도에 맞추어 선택하세요.
내장과 힘줄을 조리할 때는 밑손질을 잘하는 것도 맛있는 요리를 만드는 요령입니다.

내장 · 기타

PART OF MEAT

소힘줄

주로 아킬레스건을 말한다. 딱딱하고 힘줄이 있는 부위. 특유의 냄새가 있고 딱딱하지만 밑손질을 잘해서 장시간 끓이면 부드러워진다.

PART OF MEAT

돼지 곱창

돼지고기의 내장에서 위나 장의 하얀 부위. 지방이 많고 진한 맛이 나서 조림이나 전골 등에 사용하면 지방이 녹아서 감칠맛이 난다.

PART OF MEAT

닭간

섬세하고 부드러운 부위로 조림이나 꼬치로 조리하면 독특한 향과 감칠맛을 즐길 수 있다.

MEMO

내장은 신선도가 제일 중요

내장은 쉽게 상하기 때문에 색이 변했거나 냄새가 이상하면 신선하지 않다는 증거. 믿을 수 있는 가게에서 윤기가 좋고 탄력 있는 것을 선택하자.

[다진 소고기·돼지고기]

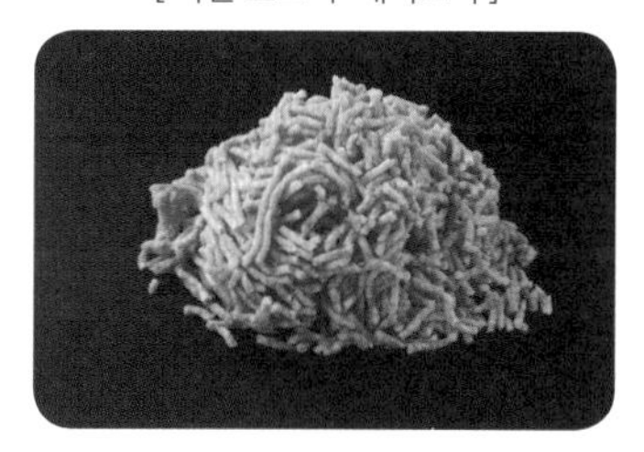

유튜브 100만 회 시청을 달성한 대박 레시피

조림 햄버그 스테이크

시행착오 끝에 완성한 최고의 조림 햄버그 스테이크!
레스토랑보다 더 맛있게 만드는 방법을 모두 공개합니다.

재료 2인분

다진 소고기·돼지고기 … 300g
양파 … 1/2개
➡ 다지기
Ⓐ 달걀 … 1개
빵가루 … 3큰술
육두구 … 1작은술
소금 … 3g(고기 무게의 1%)
후추 … 약간
레드와인 … 100mL
Ⓑ 데미그라스소스 캔 … 1캔(290g)
버터 … 20g
생크림 … 100mL
우스터소스, 토마토케첩 … 각 1큰술
설탕 … 2작은술
피자용 치즈 … 적당량
올리브오일 … 3큰술, 2작은술
브로콜리 … 적당량
➡ 봉오리별로 작게 잘라서 삶기
생크림 … 적당량

POINT

- 양파는 프라이팬이나 전자레인지로 가열해 숨을 죽여서 다진 고기와 잘 섞는다.
- 고기 반죽에 물기가 많을 때는 빵가루를 조금 더 늘린다. 반대로 퍽퍽할 때는 올리브오일을 조금만 더 늘린다.
- 동그랗게 만들 때는 손바닥으로 탁탁 치면서 속의 공기를 빼 모양을 만든다.
- 레드와인은 다진 고기의 감칠맛을 제거하므로 반드시 소스를 추가하기 전에 넣는다.

만드는 방법

1 프라이팬에 올리브오일 2작은술을 중불로 가열한 후 양파를 넣어 캐러멜색이 될 때까지 볶은 다음 식힌다. 볼에 다진 고기, Ⓐ, 양파를 넣고 끈끈해질 때까지 잘 반죽한다. 짙은 핑크색이 되면 2등분해 동그랗게 모양을 만든다.

Point
점성이 생길 때까지 반죽하면, 모양이 무너지지 않고 육즙이 빠져나오지 않는다.

2 프라이팬에 남은 올리브오일, 고기 반죽을 넣어 중불로 가열한다. 노릇하게 익을 때까지 양면을 2분씩 굽는다.

Point
나중에 다시 가열하기 때문에 속까지 완전히 익힐 필요는 없다.

3 레드와인을 넣고 끓인다. Ⓑ를 넣고 뚜껑을 덮은 다음 약불로 10분 정도 끓인다. 치즈를 햄버그 스테이크 위에 올리고 브로콜리를 넣은 다음 뚜껑을 덮는다. 1분 정도 끓이고 나서 마지막으로 생크림을 두른다.

[다진 소고기·돼지고기]

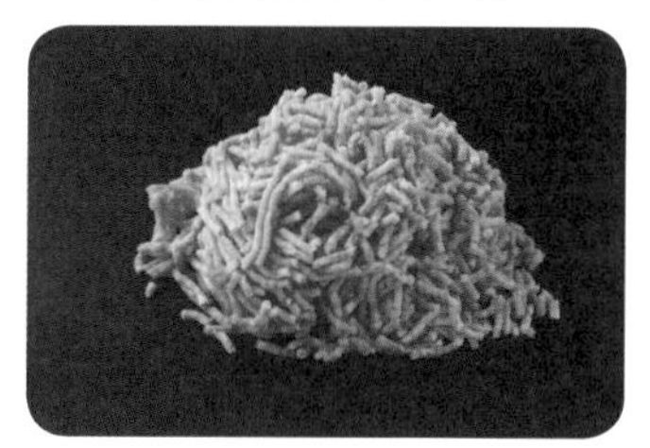

만들지 않으면 손해본 느낌이 들 정도로 맛있다

STUFFED PEPPERS

고기 가득 피망

맛있는 소스와 같이 맛보는 고기가 가득한 피망 레시피.
심지를 남기면 피망이 다진 고기를 잘 잡아줍니다.

재료 3~4인분

다진 소고기·돼지고기 … 250g

Ⓐ
- 양파 … 1/2개
  ➡ 다지기
- 달걀 … 1개
- 밀가루 … 1큰술
- 소금 … 1/2작은술
- 후추 … 약간

피망 … 4개

물 … 4큰술

Ⓑ
- 술 … 2큰술
- 간장, 미림, 굴소스 … 각 1큰술
- 설탕 … 2작은술

참기름 … 1큰술

참깨 … 적당량

POINT

- 열을 가하기 전에 고기 반죽 쪽을 아래로 해서 가지런히 놓으면 고기가 갑자기 줄어드는 것을 방지할 수 있다.

만드는 방법

볼에 다진 고기, Ⓐ를 넣고 점성이 생길 때까지 잘 반죽한다.

Point
다진 고기는 조리 직전까지 냉장고에 넣어두면 반죽했을 때 점성이 잘 생겨 육즙이 빠져나오지 않는다.

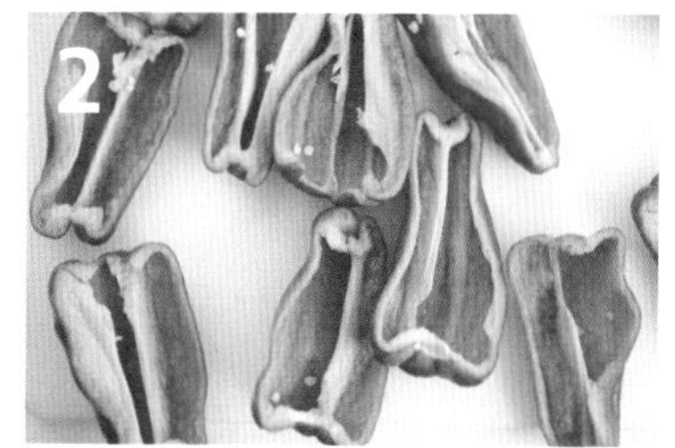

피망은 세로로 반을 자르고 꼭지와 씨앗을 제거한다. 흰색 심지는 남겨 둔다.

Point
피망은 흰색 심지를 남겨 두는데, 심지는 고기 반죽이 잘 붙고 떨어지지 않게 도와준다.

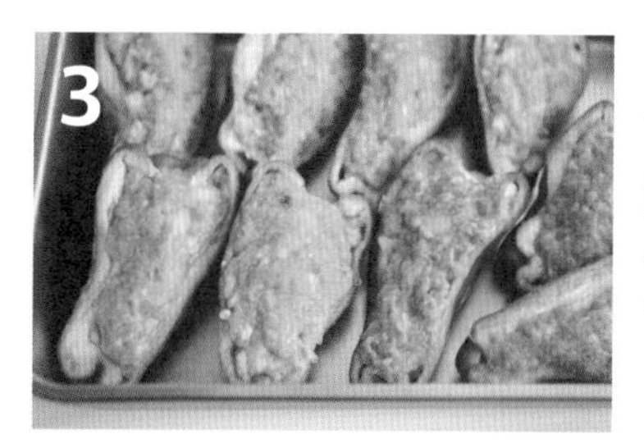

피망에 고기 반죽을 약간 도톰하게 솟아오를 정도로 채운다.

Point
고기 반죽을 도톰하게 솟아오를 정도로 채우면 노릇하게 구워져서 맛있어 보인다.

프라이팬에 참기름을 두르고 **3**을 고기 반죽이 아래로 가도록 나란히 놓은 후 중불로 가열한다. 노릇하게 구워졌으면 뒤집어서 물을 넣은 다음 뚜껑을 덮는다. 약불로 5~6분간 씨듯이 굽는다.

섞어 둔 Ⓑ를 넣고 알코올이 날아갈 때까지 끓인다. 그릇에 담고 양념을 두른 다음 참깨를 뿌린다.

Point
양념이 걸쭉해지고 윤기가 돌 때까지 더 끓인다.

[다진 소고기·돼지고기]

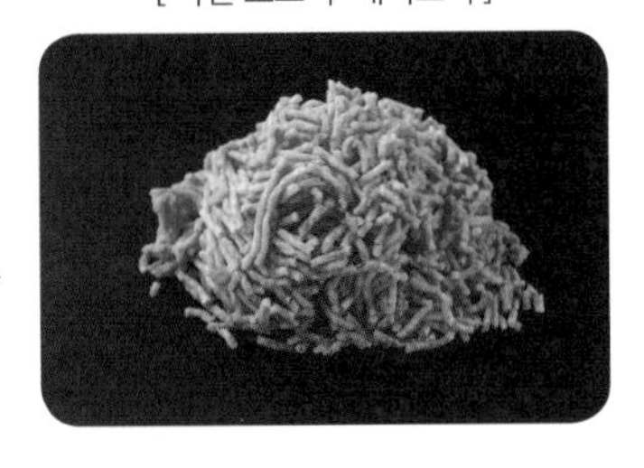

집에서 할 수 있다!

간단한 타코라이스

타코스의 속을 밥에 올려서 먹는 오키나와 요리입니다.
다진 고기와 향신료를 이용해 프로의 맛을 재현해봅시다!

재료 2인분

다진 소고기·돼지고기 … 300g
마늘 … 1쪽
➡ 다지기
양파 … 1개
➡ 다지기
소금, 후추 … 각 적당량
Ⓐ 토마토케첩 … 2큰술
우스터소스 … 1큰술
*칠리 파우더 … 1~2작은술
*커민 파우더 … 1작은술
따뜻한 밥 … 2공기
Ⓑ 양상추 … 2장
➡ 크게 썰기
토마토 … 1개
➡ 깍둑 썰기
아보카도 … 1개
➡ 씨를 제거하고 깍둑썰기
토티야 칩스 … 적당량
피자용 치즈 … 30g
라임(또는 레몬) … 1개
➡ 반으로 썰기
올리브오일 … 1큰술

*칠리 파우더, 커민 파우더가 없을 때는 카레 가루 1큰술을 사용.

만드는 방법

1 프라이팬에 올리브오일을 두르고 약불로 가열한다. 마늘, 양파를 넣고 투명해질 때까지 볶는다.

2 양파를 한쪽으로 몰아 두고 다진 고기, 소금, 후추를 넣고 중불로 가열한다. 다진 고기가 노릇해질 때까지 볶는다. **양파와 합쳐서 전체적으로 잘 섞은 다음 Ⓐ를 넣고 다시 잘 섞는다**(a).

3 그릇에 밥을 담고 **2**, Ⓑ를 순서대로 올린 후 라임즙을 짜서 뿌린다.

POINT

다진 고기의 기름을 양파가 흡수하게 하고, 향신료는 잘 볶는다

다진 고기를 볶으면 맛있는 기름이 나오므로 양파에 잘 흡수시키면서 볶는다. 향신료는 잘 볶으면 향이 나서 요리가 맛있어진다.

[다진 소고기]

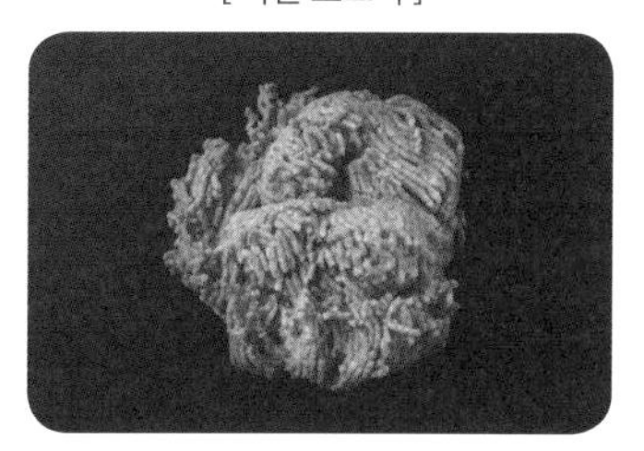

줄 서서 사 먹는 정육식당의 간판 메뉴

폭탄 민스 커틀릿

정육식당의 간판 메뉴 '폭탄 민스 커틀릿'을 소개합니다.
아이부터 어른까지 모두가 좋아하는 레시피입니다.

재료 2~3인분

다진 소고기(또는 다진 소고기·돼지고기) … 300g
양파 … 1개
➡ 1/2은 잘게 다지기,
1/2은 큼직하게 다지기
Ⓐ 소금 … 3g(고기 무게의 1%)
육두구 … 약간
카레 가루 … 한 꼬집
후추 … 적당량
슬라이스 치즈 … 5장
➡ 3×3cm 크기로 접기
Ⓑ 밀가루 … 적당량
푼 달걀 … 1개
빵가루 … 적당량
올리브오일 … 1작은술
식용유 … 1L
양배추 … 적당량
➡ 채썰기

POINT

- 고기에 소금을 넣고 점성이 생길 때까지 반죽하면, 단백질이 파괴되어 고기 반죽이 쉽게 밀착되고 육즙과 감칠맛이 빠져나가지 않는다.
- 저온에서 튀기고 나서 식히면서 남은 열로 속까지 익힌다. 그 후에 고온에서 다시 한번 튀기면 겉은 바삭하고 속은 육즙이 가득한 커틀릿이 된다.

만드는 방법

1 프라이팬에 올리브오일을 두르고 가열한다. 잘게 다진 양파를 넣고 약불로 캐러멜색이 될 때까지 볶는다.

Point
단맛과 감칠맛을 내는 볶은 양파, 식감을 즐길 수 있는 큼지막하게 다진 양파, 이렇게 2종류를 준비한다.

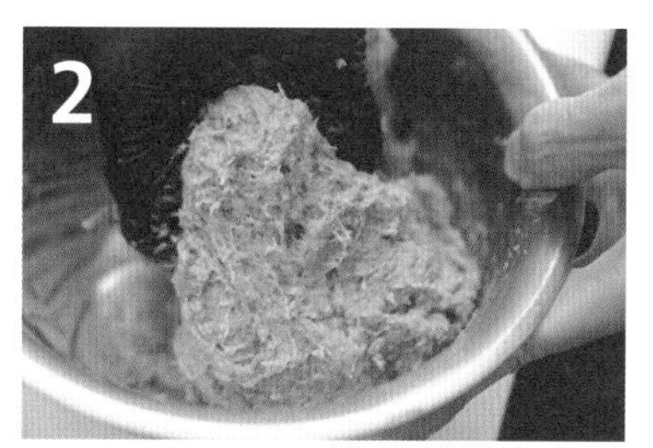

2 볼에 다진 고기, Ⓐ를 넣고 점성이 생길 때까지 반죽한다. **1**의 볶은 양파와 큼지막하게 다진 생양파를 넣고 다시 반죽한다.

Point
짙은 핑크색이 될 때까지 재빠르게 섞는 것이 맛있어지는 비법이다.

3 반죽을 5등분으로 나눈 다음 그중 1개를 손에 올리고 치즈를 한중간에 넣어 동그랗게 모양을 만든다. 이렇게 5개를 만든다.

Point
정 가운데는 잘 안 익는데, 치즈를 넣으면 속까지 잘 익는다.

4 고기 반죽에 Ⓑ의 재료란 순서대로 튀김옷을 입힌다. 냄비에 식용유를 넣고 150℃로 가열한다. 튀김옷을 입힌 고기 반죽을 넣고 5분 정도 튀긴다.

Point
속까지 익을 때까지 시간이 걸리므로 일단 저온에서 천천히 튀긴다. 노릇해지지 않아도 괜찮다.

5 꺼내서 5분 정도 식힌다. 식용유를 170℃까지 가열한다. **4**를 넣고 1분 정도 다시 튀긴다. 그릇에 담고 양배추를 곁들인다.

[다진 돼지고기]

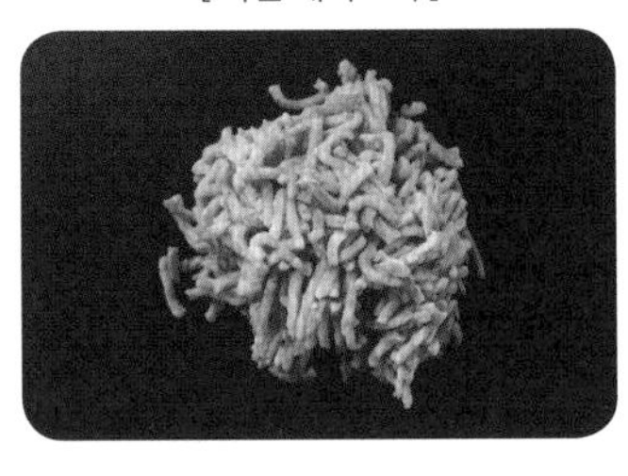

곰손이라도 절대 실패하지 않는다

군만두

집에서 자주 하지만 구울 때마다 태워 먹는다는 분이 많습니다.
굽는 순서만 잘 따라 해도 맛있게 군만두를 만들 수 있답니다.

재료 25개 분량

다진 돼지고기 … 200g
소금 … 약간
Ⓐ 간 생강, 간 마늘 … 각 1쪽
술 … 1큰술
간장, 굴소스 … 각 1작은술
후추 … 적당량
Ⓑ 대파 … 1/3개
➡ 다지기
양배추 … 150g
➡ 다지기
만두피 … 25장
뜨거운 물 … 만두가 1/3 정도 잠기는 양
식용유 … 2큰술
참기름 … 1큰술
식초, 후추 … 각 적당량

POINT

- 군만두는 찌고 나서 구워야 한다. 그러면 태울 염려 없이 겉바속촉 군만두를 만들 수 있다.

만드는 방법

1. 볼에 다진 고기와 소금을 넣고 흰색이 돌면서 끈적해질 때까지 반죽한다.

Point
소금을 넣어 잘 반죽하면 육즙이 가득한 만두를 만들 수 있다.

2. Ⓐ를 넣어 잘 섞은 후 Ⓑ를 넣은 다음 전체적으로 가볍게 섞는다.

Point
채소를 넣고 너무 열심히 섞으면 수분이 나오기 때문에, 고기 반죽과 조미료를 잘 섞은 후 채소는 가볍게 섞어만 준다.

3. 만두피의 중앙에 만두소를 올린 후 4곳 정도 집어서 주름을 잡는다. 이렇게 25개를 만든다. 프라이팬에 만두를 나란히 놓은 후 중불에 올린다. 프라이팬이 따뜻해지면 뜨거운 물을 붓고 뚜껑을 덮는다.

4. 물이 증발하면서 따닥따닥하는 소리가 나면 식용유를 전체적으로 두른다.

Point
만두소는 익어 있으니까 식감을 바삭하게 만들기 위해 식용유를 둘러서 만두피가 노릇노릇해질 때까지만 굽는다.

5. 먹음직스럽게 구워지면 참기름을 두른다. 식초, 후추를 섞은 소스를 곁들인다.

Point
마지막에 참기름을 둘러 고소한 향을 낸다.

[다진 돼지고기]

동네 맛집의 손맛을 재현해보자

마파두부

어려워 보이지만 포인트만 잘 알아두면 집에서 쉽게 만들 수 있습니다.
고소하고 깊은 맛이 나는 마파두부를 꼭 만들어보세요.

재료 2인분

다진 돼지고기 … 150g

Ⓐ 두반장 … 3작은술
 텐멘장 … 2작은술

Ⓑ 마늘 … 2쪽
 ➡ 잘게 썰기
 생강 … 1쪽
 ➡ 잘게 썰기

대파 … 10cm
 ➡ 잘게 썬다

두부 … 1모(350g)
 ➡ 3×3cm 크기로 썰기

Ⓒ 중국 수프 페이스트 … 1/2작은술
 물 … 180mL

Ⓓ 소금 … 1작은술
 설탕 … 1/2작은술

물에 푼 녹말가루 … 3큰술
(녹말가루 1큰술+물 2큰술)

Ⓔ 간장 … 2작은술
 참기름 … 1작은술
 고추기름 … 적당량

식용유 … 2작은술

산초가루 … 적절하게

POINT

- 다진 고기는 노릇노릇해질 때까지 볶으면 고소함과 감칠맛이 우러나온다.
- 마늘, 대파 등 향이 강한 채소는 잘게 썰어서 볶으면 다진 고기의 감칠맛을 더해준다.
- 이때 향을 고기에 배게 하고 싶으면 처음에 볶고, 향을 약간만 더해주고 싶으면 마지막에 넣어준다.

만드는 방법

프라이팬에 식용유를 두르고 달군 후 다진 고기를 넣어 강한 불로 노릇해질 때까지 적당히 볶는다.

Point
다진 고기는 적절하게 볶아주면 육즙이 가득하고 씹는 맛이 좋아진다.

Ⓐ를 넣어 볶은 후 Ⓑ와 대파를 절반만 넣고 향이 날 때까지 볶는다.

Point
전체적으로 잘 볶으면 향이 더욱 좋아져서 한층 더 맛있어진다.

냄비에 물(분량 외)을 넣어 끓이고, 끓으면 두부를 넣고 3분 정도 삶는다.

Point
두부는 삶아서 사용하면 모양이 부서지지 않고 맛도 잘 스며든다.

2에 물기를 뺀 **3**과 Ⓒ를 넣고 강불로 끓인다. 끓으면 Ⓓ와 남은 대파를 넣는다. 물에 푼 녹말가루를 넣어서 잘 섞은 후 Ⓔ를 넣는다. 그릇에 담고 취향에 따라 산초가루를 뿌린다.

[다진 돼지고기]

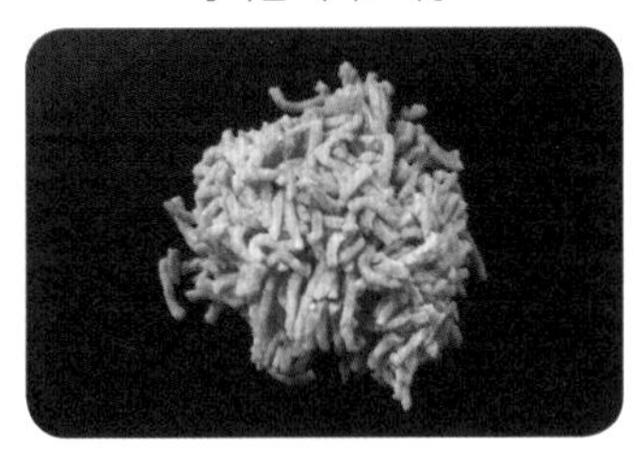

안 만들면 후회할 정도로 맛있는, 돌돌 말지 않는

롤캐비지

양배추를 통째로 사용한 푸짐한 롤캐비지.
양배추에 다진 고기를 넣고 끓이기만 하면 되는 간단하지만 맛있는 요리.

재료 4인분

다진 돼지고기 … 400~500g
양배추 … 1개
Ⓐ 빵가루(또는 식빵) … 1/2컵
달걀 … 1개
소금 … 1/2작은술
육두구(있으면 사용) … 약간
얇게 썬 베이컨 … 10장(200g)
Ⓑ 컷 토마토 캔 … 1캔(400mL)
토마토케첩 … 2큰술
우스터 소스 … 1큰술
로즈메리 … 2개(또는 월계수 1장)
올리브오일 … 3큰술
굵은 후춧가루 … 적당량
파마산 치즈 가루 … 적당량

만드는 방법

1 양배추는 중심의 심을 제거하면서 속을 크게 파낸다. 파낸 양배추는 심은 제외하고 잘게 다진다.

Point
양배추 안에 다진 고기를 넣기 때문에 중심 부분을 크게 파 두면 좋다.

2 볼에 다진 고기와 Ⓐ를 넣고 찰기가 생길 때까지 잘 반죽한다. 잘게 썬 양배추를 넣고 섞는다. 속을 파낸 양배추 안에 고기를 채운다.

Point
반죽한 고기는 양배추에 틈이 생기지 않게 꽉 채운다.

3 냄비에 올리브오일을 두르고 냄비 바닥부터 가장자리까지 베이컨을 골고루 널어 놓는다. 냄비에 **2**를 넣고 베이컨으로 덮는다.

Point
양배추는 수분이 쉽게 빠져나가기 때문에 양배추는 아래, 고기는 위에 놓는다.

4 섞어 둔 Ⓑ를 넣고 뚜껑을 덮은 다음 중불로 가열한다. 살짝 끓어오르면 약불로 줄여 40분 정도 끓인다.

Point
도중에 냄비 바닥을 확인하고 탈 것 같으면 물 100mL(분량 외)를 넣는다.

5 양배추를 뒤집은 다음 다시 뚜껑을 덮고 30분 정도 더 끓인다. 원하는 농도가 될 때까지 육수를 졸인다. 잘라 그릇에 담은 후 굵은 후춧가루와 치즈를 뿌린다.

Point
약불에서 푹 끓이며 조리는 것이 중요! 걸쭉해질 때까지 끓여주면 진한 소스 맛도 즐길 수 있다.

[다진 돼지고기]

태국인도 극찬하는

가파오라이스

매콤달콤한 다진 고기와 바질 향이 입맛을 돋우는 태국 요리.
다진 고기는 누린내를 없애고 감칠맛을 살리는 것이 중요합니다.

재료 2인분

다진 돼지고기(또는 다진 닭고기) … 200g
마늘 … 1쪽
➡ 잘게 다지기
두반장 … 1/2작은술
양파 … 1/2개
➡ 굵게 다지기
생강 … 1개
➡ 잘게 다지기
Ⓐ 간장 … 2작은술
굴 소스 … 1/2큰술
설탕, 남플라 … 각 1작은술
파프리카 … 1/2개
➡ 굵게 다지기
바질 … 12장
달걀 … 2개
따뜻한 밥 … 2공기
참기름 … 1큰술
식용유 … 2작은술

만드는 방법

1 프라이팬에 참기름을 두르고 약불로 달군 후 마늘, 두반장을 넣고 향이 날 때까지 볶는다. 양파를 넣은 후 수분이 날아갈 때까지 중불로 볶는다.

2 다진 고기, 생강을 넣고 볶다가 **갈색으로 변하면 Ⓐ를 넣고 전체적으로 섞는다**(a). 양념이 배면 파프리카를 넣고 볶는다. 바질을 2장만 남기고 모두 넣어서 가볍게 볶는다.

3 다른 프라이팬에 식용유 1작은술을 두르고 중불로 가열한다. 프라이팬이 달구어지면 달걀을 깨서 넣는다. 흰자가 익은 후 취향에 따라 노른자를 익힌다. 이것을 2개 만든다.

4 그릇에 따뜻한 밥과 **2**를 담고 달걀 프라이를 얹는다. 남은 바질을 곁들인다.

POINT

**다진 고기에 생강을 넣어
고기의 누린내를 잡는다**

다진 고기에 생강을 넣고 노릇노릇해질 때까지 잘 볶으면 다진 고기의 누린내를 없앨 수 있다.

실패 확률 0%

CARBONARA

진한 카르보나라

생크림을 사용하지 않는 진한 카르보나라 레시피!
이탈리아 로마식 카르보나라를 집에서 만들어보세요.

재료 1인분

판세타(또는 베이컨) … 50g
Ⓐ 치즈 가루 … 30g
달걀 … 1개
달걀 노른자 … 1개
굵은 흑후추 … 적당량
물 … 1L
소금 … 10g
파스타 … 100g
화이트와인 … 50mL
면수 … 적당량
올리브오일 … 1큰술
Ⓑ 치즈 가루 … 10g
굵은 흑후추 … 적당량

만드는 방법

1 볼에 Ⓐ를 넣고 잘 섞는다(a).

2 냄비에 물을 넣고 끓인다. 끓으면 소금을 넣고 녹인다. 파스타를 넣고 봉투에 표시되어 있는 시간보다 1분 정도 짧게 삶는다.

3 파스타를 삶는 동안 프라이팬에 올리브오일을 두르고 가열한다. 판세타를 넣고 약불로 볶는다. 연한 갈색으로 변하면 화이트와인을 넣고 판세타가 눌어붙은 곳을 긁으면서 볶는다.

4 프라이팬에 **2**의 면수를 넣고 올리브오일과 유화되었으면 불을 끈다.

5 파스타를 **4**에 넣고 재빨리 섞는다. **1**에 넣고 잘 버무린다(b). 그릇에 담고 Ⓑ를 뿌린다.

POINT

소스는 볼에서 잘 섞는다

나중에 서둘러서 만들지 않아도 되도록 미리 준비해둔다. 치즈 가루는 덩어리가 생기지 않게 꼼꼼하게 저어서 섞는다.

소스는 가열하지 않고 파스타의 남은 열로만

소스를 파스타에 버무릴 때는 가열하지 않고 파스타 자체 열로만 데운다. 소스가 덩어리지지 않고 파스타에 잘 버무려진다.

PART 5

정육식당 주인장이 알려주는 고기 요리

일품요리 & 사이드 요리

일품요리는 술안주로도 반찬으로도 좋습니다.
이번에는 캠핑 때도 대활약하는 레시피를 알려드립니다.
사이드 요리는 샐러드와 조림 등 담백한 레시피로 준비했답니다.
고기 요리와 함께 꼭 만들어보세요.

[소힘줄]

소힘줄은 잘 조려서 부드럽게

소힘줄 조림

소힘줄은 밑손질을 해서 꼭 보관해두세요.
맛있는 소힘줄 조림이나 어묵탕, 카레를 만들 때 사용하면 됩니다.

재료 4인분

소힘줄(밑손질 완료) … 500g
무 … 10cm
➡ 1cm 두께로 부채꼴썰기
Ⓐ 간장, 술 … 각 50mL
삼온당 … 2큰술
미소 된장 … 1큰술
파(흰색 부분) … 적당량
➡ 통썰기
겨자 … 적당량

만드는 방법

1 냄비에 물을 가득 담고(분량 외) 무를 넣어 강불로 끓인다. 끓으면 약불에 10분 정도 더 끓이고 체에 거른다.

2 냄비에 소힘줄, 무, Ⓐ를 넣고 강불로 끓인다. 끓으면 약불에서 20~30분 정도 끓인다. 그릇에 담고 파를 올린 후 겨자를 곁들인다.

소힘줄 밑손질

❶ 냄비에 소힘줄과 물을 가득 넣고 강불로 끓인다. 끓는 상태에서 2~3분 정도 더 끓인다. 거품이 대량으로 나오면 체로 걸러, 소힘줄을 흐르는 물에 씻는다(냄비도 가장자리에 거품이 달라붙기 때문에 잘 씻는다).

❷ 냄비에 소힘줄, 껍질째 얇게 썬 생강 1쪽, 파의 녹색 부분 1개 분량, 냄비가 찰랑거릴 정도의 물을 넣고 강불로 다시 한번 끓인다.

❸ 끓으면 약불로 줄이고 보글보글 끓는 상태를 유지하면서 2시간 정도 끓인다. 도중에 물이 졸면 물을 추가하고 거품이 나오면 제거한다.

* 뚜껑이 달린 보관 용기에 2~3일 냉장 보관 가능. 냉동용 보관팩에 넣고 1개월간 냉동 보관 가능.

[돼지 곱창]

술과의 궁합이 최고

내장 조림

몸도 마음도 따뜻하게 보듬어주는 조림 요리.
곱창은 밑손질을 해서 보관해두면 볶음 요리나 식초절임 등에도 사용할 수 있습니다.

재료 2인분

Ⓐ **돼지 곱창**(밑손질 완료) … 200g
돼지 곱창 삶은 국물 … 800mL
양배추 … 2장
➡ 대충 썰기
무 … 3cm
➡ 부채꼴썰기
당근 … 1/3개
➡ 부채꼴썰기

Ⓑ 미소 된장 … 2큰술
술, 미림 … 각 1큰술
간장 … 1큰술
파(흰색 부분) … 적당량
➡ 통썰기
시치미 … 적당량

만드는 방법

1 냄비에 Ⓐ를 넣고 약불로 30분 정도 끓인다. 도중에 재료가 부드러워지면 Ⓑ를 넣는다. 미소 된장의 양은 취향에 따라 조절한다.

2 간장을 넣고 취향에 맞는 식감이 될 때까지 끓인다. 그릇에 담고 파를 올리고 시치미를 뿌린다.

곱창 밑손질

냄비에 돼지 곱창과 물을 가득 넣고 끓인다. 끓으면 체로 거른다. 다시 냄비에 물 800mL, 돼지 곱창을 넣고 끓인다. 얇게 썬 생강 1쪽을 넣고 약불로 1시간 정도 끓이고 생강을 꺼낸다. 도중에 물이 졸면 물을 더 넣는다.

* 뚜껑이 달린 보관 용기에서 2~3일간 냉장 보관 가능. 냉동용 보관팩에 넣고 1개월간 냉동 보관 가능.

[얇게 썬 돼지 등심]

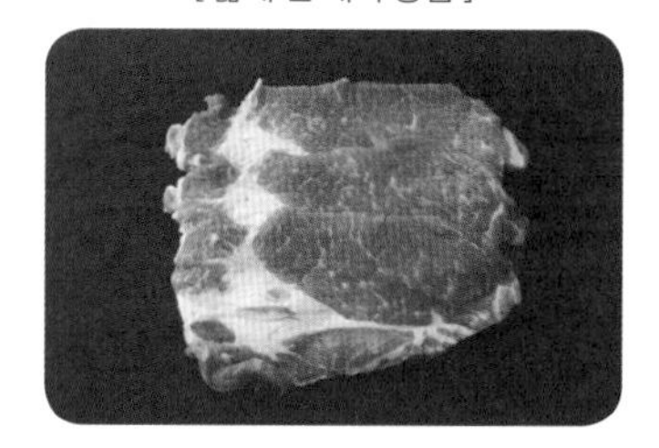

정육식당 직원들이 꼽는 최고의 반찬

돼지고기 간장조림

돼지고기는 좋아하는 부위를 사용하세요.
틀림없이 제일 자주 해 먹는 조림 요리가 될 겁니다.

재료 4인분

얇게 썬 돼지 등심 … 500g

Ⓐ 생강즙 … 1쪽
간장 … 90mL
자라메 설탕 … 4큰술
요리술 … 1큰술
미림 … 1/2큰술

Ⓑ 달걀 … 2개
설탕 … 1작은술
소금 … 약간

따뜻한 밥 … 4공기
식용유 … 1작은술
붉은 생강절임, 자른 김 … 각 적당량

만드는 방법

1 냄비에 돼지고기, Ⓐ를 넣고 중불에서 가열한 후 돼지고기를 잘 펴면서 소스를 버무린다. 끓기 전에 약불로 내리고 도중에 저어서 섞으면서 20분 정도 끓인다.

2 졸이는 동안 달걀 지단을 만들어 둔다. 볼에 Ⓑ를 넣고 잘 섞는다. 프라이팬에 식용유를 두르고 중불로 가열한 후 Ⓑ를 프라이팬에 잘 흘려서 넣고 나서 1분 정도 가열한 후 불을 끄고 2~3분간 둔다. 뒤집어서 중불로 가열한 후 익으면 채썰기를 한다.

3 그릇에 따뜻한 밥, **1**을 담고 **2**와 붉은 생강 절임, 자른 김을 올린다.

[닭간]

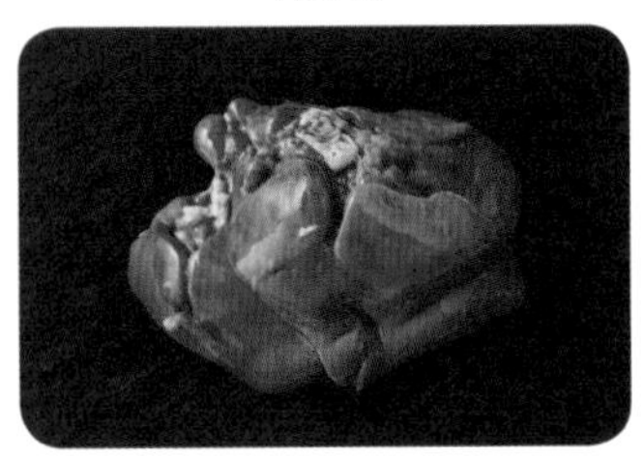

놀라울 정도로 먹기 좋은

닭간 레드와인 조림

간은 냄새를 제거하는 과정이 중요합니다.
누린내가 나지 않아 간을 잘 못 먹는 분도 맛있게 드실 수 있습니다.

재료 1인분

닭간 … 200g
우유 … 200mL
생강 … 1쪽
➡ 껍질째 채썰기
Ⓐ 간장 … 1과 1/2큰술
꿀 … 1큰술
레드와인 … 100mL
버터 … 10g

만드는 방법

1 간은 흐르는 물로 깨끗하게 씻는다. 혈관이나 지방을 제거하고(a) 먹기 편한 크기로 썬다(식감이 딱딱하고 오도독한 심장이 붙어 있을 때는 양쪽으로 펼쳐서 속의 혈관을 제거한다).

2 볼에 물 적당량(분량 외), 간을 넣고 15분 정도 두어서 피를 뺀다. 물을 버리고 우유를 넣어 15분 동안 재운다(b). 우유를 버리고 키친타월로 간의 물기를 닦는다.

3 냄비에 버터, 생강을 넣고 중불로 가열한 후 간을 넣고 노릇하게 색이 날 때까지 볶는다.

4 Ⓐ를 넣고 강불에서 섞으면서 조린다. 국물이 졸면 약불로 줄이고 수분이 사라질 때까지 졸인다.

POINT

a

혈관을 제거해 냄새를 없앤다

간의 누린내를 없애려면 검은색 혈관을 제거하는 것이 중요한다. 제거하면 조리했을 때 특유의 누린내가 나지 않고 맛있어진다.

b

우유로 냄새를 한 번 더 제거한다

우유에 간을 재우면 우유가 간의 냄새를 빨아들인다. 우유에는 냄새를 빨아들이는 성질이 있어서 간의 강한 누린내를 제거할 때 꼭 필요한 과정이다.

[닭다리살]

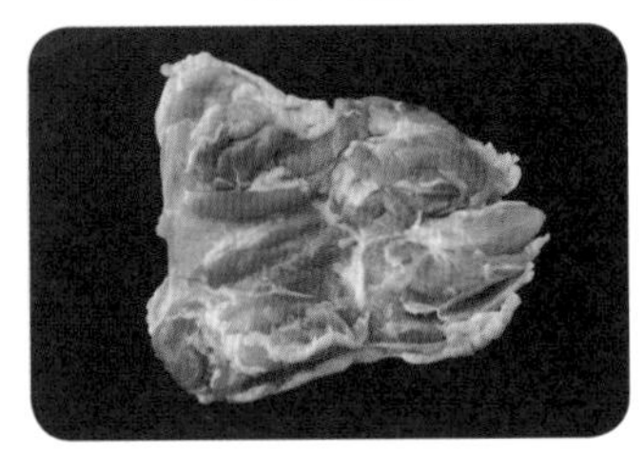

절대 빠질 수 없는 캠핑 메뉴

닭고기와 새우 아히죠

캠핑 때 자주 만드는 아히죠!
요령만 알면 다양하게 응용도 가능합니다.

재료 2인분

닭다리살 … 200g
➡ 한입 크기로 썰기
새우 … 10마리
녹말가루 … 적당량
마늘 … 2쪽
➡ 다지기
붉은 마른고추 … 1개
➡ 꼭지와 씨를 제거하기
감자 … 1개
➡ 껍질째 먹기 편한 크기로 썰기
로즈메리 … 1개
양송이버섯 … 8개
브로콜리 … 1/2개
➡ 송이별로 나누고 데치기
소금, 후추 … 각 적당량
올리브오일 … 100mL
바게트(빵) … 적절하게

만드는 방법

1 새우는 다리 쪽부터 껍질을 벗기고 이쑤시개로 등 내장을 제거한다. 녹말가루를 뿌리고 조물조물 주물러서 더러움이 달라붙게 한다. **물로 잘 씻고 물기를 제거한다**(a).

2 스킬렛(또는 작은 프라이팬)에 올리브오일을 넣고 가열한다. **마늘, 마른고추를 넣고 향이 날 때까지 약불로 가열한다**(b).

3 감자, 로즈메리, 닭고기를 넣는다. 닭고기의 색이 변하면 새우, 양송이버섯, 브로콜리를 넣고 익을 때까지 가열한다. 소금과 후추로 간을 맞춘다. 취향에 따라 구운 바게트를 찍어서 먹는다.

POINT

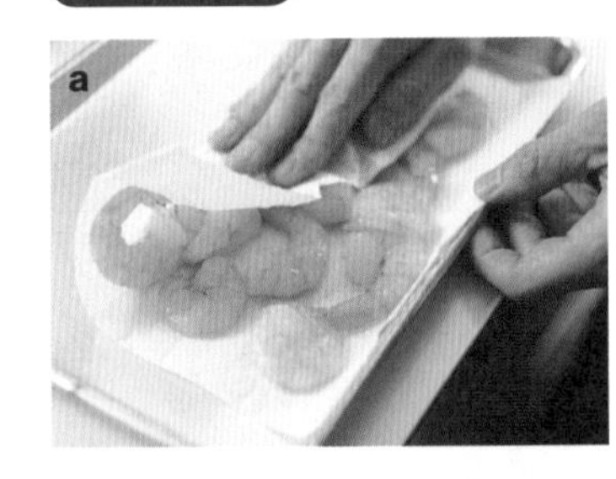

식재료의 물기를 잘 닦으면 기름이 튀지 않는다

물기가 많은 식재료는 키친타월로 물기를 잘 닦는다. 가열했을 때 기름이 튀는 것을 막을 수 있다.

약불로 은근하게 해야 마늘향이 난다

가열할 때는 약불을 유지하면서 은근하게 조리한다. 그러면 마늘 향이 은은하게 감돌면서 더 맛있다.

정육식당의 감자 샐러드

일본식 감자 샐러드

먹어도 먹어도 또 먹고 싶다!

재료 2인분

감자 … 2개
Ⓐ 마요네즈 … 2큰술
설탕 … 2작은술
식초 … 1작은술
소금, 후추 … 각 적당량
참치 캔 … 1캔(70g)
만가닥버섯 … 1팩
➡ 다지기
Ⓑ 술 … 1큰술
간장 … 1작은술
오이 … 1/4개
➡ 통썰기를 한 후 소금을 뿌려서 버무리기
미나리 … 1다발
➡ 먹기 좋은 길이로 썰기
가다랑어포 … 한 꼬집

만드는 방법

1 냄비에 물을 가득 넣고(분량 외) 끓인다. 끓으면 감자를 넣고 대꼬치로 찔러서 들어갈 때까지 삶는다.

2 다 삶아진 감자는 식기 전에 껍질을 벗기고 볼에 넣어서 으깬다. 으깨는 정도는 취향에 따라 조절한다. Ⓐ를 넣고 잘 섞는다.

3 프라이팬에 참치 캔의 기름만 넣고 가열한 후 만가닥버섯, Ⓑ를 재료란의 순서대로 넣는다. 수분이 없어질 때까지 볶은 후 식힌다.

4 **2**에 참치 캔의 참치, **3**, 오이, 미나리를 넣고 섞는다. 그릇에 담고 가다랑어포를 올린다.

부드럽고 고급스러운

마카로니 샐러드

맛의 비밀은 요거트!

재료 4인분

마카로니 … 100g
오이 … 1/2개
➡ 통썰기
당근 … 1/4개
➡ 부채꼴썰기
소금 … 한 꼬집
로스햄 … 4장
➡ 직사각형으로 썰기
Ⓐ | 마요네즈 … 3큰술
우유, 요거트(가당) … 각 1큰술
소금, 후추 … 각 적당량
올리브오일 … 적당량
굵은 흑후추 … 적당량

만드는 방법

1 마카로니는 포장지에 표시된 시간대로 삶는다. 체에 밭쳐서 물을 버리고 흐르는 물에서 식힌 후 물기를 뺀다. 볼에 넣은 다음 올리브오일을 두르고 잠시 둔다.

2 오이, 당근에 소금을 뿌리고 조물조물 주무른 다음 물기를 꼭 짠다.

3 **1**에 **2**, 햄, Ⓐ를 넣고 잘 섞는다. 그릇에 담은 후 굵은 흑후추를 뿌린다.

POINT

- 삶은 마카로니에 오일을 뿌리면 건조해지거나 붙거나 하지 않고 소스가 잘 버무려진다.
- 수분이 나오는 채소는 미리 소금을 뿌려서 물기를 짜두면 섞은 후에 물기가 많아지는 것을 방지할 수 있다.
- 요거트는 가당 타입을 사용한다. 단맛을 보충하고 맛이 진해진다.

고구마의 단맛을 강조한

고구마와 소시지 샐러드

수분을 많이 머금은 고구마를 사용하세요!

재료 2인분

고구마(있으면 수분 함유량이 많은 고구마) … 1개(250g)
Ⓐ | 크림 치즈, 마요네즈 … 각 2큰술
 | 홀그레인 머스터드 … 1큰술
 | 건포도, 소금, 굵은 흑후추 … 각 적당량
비엔나 소시지(있으면 매운 맛으로) … 4개
➡ 통썰기
식용유 … 1작은술

만드는 방법

1 고구마는 씻어서 물기를 제거하지 않고 바로 키친타월로 싼다. 전자레인지의 해동 모드로 부드러워질 때까지 15~20분간 돌린다.

2 식기 전에 껍질을 벗기고 볼에 넣어서 으깬다. 으깨는 정도는 취향에 따라 조절한다. Ⓐ를 넣고 섞는다.

3 프라이팬에 식용유를 두르고 가열한다. 비엔나 소시지를 넣고 중불로 노릇해질 때까지 볶는다. **2**에 넣고 섞은 후 식힌다.

채 썬 당근으로 만든다

당근 라페

치즈와 건포도가 맛의 악센트!

재료 2인분

당근 … 1개
➡ 치즈 그레이터 또는 슬라이서로 채썰기
Ⓐ | 화이트와인 비네거, EXV 올리브오일 … 각 1큰술
 | 꿀 … 1작은술
Ⓑ | 커민 씨 … 약간
 | 건포도 … 1큰술
 | 크림치즈 … 적당량
 | 굵은 흑후추 … 약간

만드는 방법

1 당근은 키친타월로 물기를 잘 제거한다.

2 볼에 Ⓐ를 넣고 섞은 후 당근, Ⓑ를 넣고 버무린다.

POINT

- 치즈 그레이터를 사용하면 당근의 섬유질이 파괴되어 간이 잘 배고 식감도 부드러워진다.
- 수분이 나오기 때문에 싱거워지지 않도록 물기를 꼭 제거해준다.

신선한 과일을 사용해요

찹샐러드

묵직한 고기 요리에 곁들여서 담백하게!

재료 2인분

양상추 … 1봉지(50g)
➡ 한입 크기로 썰기
과일 믹스 … 1봉지(90g)
➡ 한입 크기로 썰기
Ⓐ | 좋아하는 과일즙, 올리브오일 … 각 1큰술
| 식초 … 2작은술
캐슈너트 … 적당량
➡ 빻기
소금, 굵은 흑후추 … 각 적당량

만드는 방법

1 볼에 Ⓐ를 넣고 잘 섞는다.

2 그릇에 양상추, 과일 믹스를 담고 캐슈너트를 올린다. **1**을 두르고 소금과 굵은 후추를 뿌린다.

참깨의 고소한 향이 식욕을 부른다

두드림 오이

오이와 양념을 버무리기만 하면 끝!

재료 2인분

오이 … 3개
소금 … 적당량
Ⓐ | 참기름 … 2큰술
| 간장 … 1큰술
| 간 마늘 … 1/4작은술
참깨 … 적당량
실고추 … 적절하게

만드는 방법

1 오이는 밀대로 두드린 후 8등분한다. 소금을 뿌리고 10분 정도 두었다가 키친타월로 물기를 제거한다.

2 볼에 Ⓐ를 넣고 잘 섞은 후 오이를 넣고 버무린다. 그릇에 담은 후 참깨를 뿌리고 취향에 따라 실고추를 올린다.

맛있어서 금방 사라지는

가지 간장 조림

가지가 머금은 맛있는 국물에 반하다!

STEWED EGGPLANT

재료 2인분

가지 … 4~5인분
➡ 세로 방향으로, 절반으로 썰기, 칼집 넣기

Ⓐ
- 물(또는 다시국물) … 400mL
- 간장 … 75mL
- 미림 … 3큰술

생강 … 1쪽
참기름 … 1큰술

Ⓑ
- 가다랑어포 … 한 꼬집
- 양하 … 2개
  ➡ 통썰기
- 차조기(또는 깻잎) … 3장
  ➡ 채썰기

만드는 방법

1 프라이팬에 참기름을 두르고 가지를 넣은 후 강불로 가열해 전체적으로 노릇하게 굽는다.

2 냄비에 Ⓐ를 넣고 강불로 가열한 후 **1**을 넣는다. 끓을 것 같으면 약불로 줄여 10분 정도 끓인다. 완성되기 직전에 생강을 갈아서 넣는다. 열을 식힌 후 냉장고에서 차갑게 식힌다. 그릇에 담은 후 Ⓑ를 올린다.